U0130461

走樣的臉孔

孫啟元 著

作者簡介

孫啟元(William SUEN Kai Yuen)

出境遊、遊世界、自由行 總編輯

野生動物、海底生態 攝影家

野生動物保護基金會 創辦人

郭良蕙文學創作基金會 創辦人

二〇〇四年獲任中國動物學會獸類學分會理事 任期四年。
二〇〇四年獲任東北林業大學野生動物資源學院兼職教授 任期三年。
二〇〇四年獲任廣州大學生物與化學工程學院客座教授 任期三年。

郭良蕙長子，臺灣嘉義出生，屏東眷村長大，乳名小熊。自幼聰穎，個性靜中帶動，喜獨處，交遊廣濶。興趣多樣性，常思考，常閱讀，常探討人生，常思維哲學。好搖滾、爵士、古典音樂，好鑽研考古，好攝影寫作。熱愛大自然，屢屢觀察動物行為。熱愛旅遊，足跡遍布全世界。

一九七一年，奉母之命，旅居香港，放眼世界，培養獨立精神，發揮大無畏遺傳基因，海濶天空，放蕩不羈。
一九七九年起，任職多份雜誌主編。
一九八〇年起，周遊列國。
一九九一年起，專注哺乳類野生動物行為觀察，進出非洲六十餘次。
一九九三年起，醉心潛水，探索海洋生態。
一九九四年起，投入原始部落演化過程，前進巴布亞新畿內亞五次。

一九九六年起，先後在香港舉辦十三次個人生態攝影展；同時期於臺灣舉辦十次生態攝影個展；接受包括CNN電視臺、SCMP南華早報、RTHK香港電視臺、BCC中國廣播公司、TTV臺灣電視公司等訪問。

二〇〇〇年起，和裴家騏教授、賴玉菁教授組織研究團隊，開始進行香港哺乳類野生動物調查。

二〇一四年起，校對並出版母親生前六十四部著作全集，捐贈各大圖書館。

至今，已成為當今野生動物、海底生態攝影家，兼野生動物、海底生態研究愛好者，也是中國古文物業餘研究鑑定學者。

歷年著作包括：

「蠻荒非洲」
「誰在乎攝影」
「飛來的異鄉客」
「非常攝影」
「野性的堅持」

「永遠的禁錮」
「荒野狂奔」
「靜止中的流動」
「狗臉歲月」
「謎樣的裸露」
「模糊的腳印」
「走樣的臉孔」
「住在城裡的野人」
「蝙蝠的危機上冊」
「蝙蝠的危機下冊」
「遊子心 我的母親——作家 郭良蕙」
「醜陋的傳教士」
「眷村小子　外省掛」
「二二八的原住民」
「蠻荒非洲巡狩誌」

序

○○○

歐洲保守，美國新進，僅水龍頭開關，便千變萬化，種類繁多。早先國人旅美，洗手時，常找不到開關而不知所措，原來手伸過去，水自然會流出來。日後才得知此乃紅外線熱感應功能。

紅外線發揮在武器上，毀滅性使生靈塗炭。發揮在相機上，建設性探密山林，加強人類與動物和平共存。啟元創辦的「野生動物保護基金會」就這樣接連三年晝夜運作，肯定測察出香港地域的品種實況。

○○○

日子過得太順心如意，就會認為理所當然，一切掌握在自己手裡，人能勝天。

從未顧慮突變，担憂危機。而九九年臺灣的「九二一」，○一年紐約的「九一一」，震醒惟我獨尊的美夢。○三年，更是驚懼惶恐：初春，美伊戰爭爆發，東方一派事不關己心態，甚至隔岸觀火，幸災樂禍。怎料旦夕之間大難臨頭，大陸的「非典」，也就是港臺的「ＳＡＲＳ」——從未有人按音翻譯「殺爾死」，人人自危，個個色變，化友為敵，六親不認。以致百業停頓，一切泡湯，此時才徹悟，人算抵不過天算。

就在這段感覺漫長無比的恐怖難安期間，啟元經營的出版事業也深受其害，但是誰也想不到他卻苦中作樂，每天遊走郊野，與山林為伍，穿梭追蹤，勘查記錄，無形中卸除了城市人群的窒息般身心煎熬。

○○○

列入「野生動物報導文學」第十二部，「走樣的臉孔」躍然問世，狀似輕而易舉，實則過程難辛。包括九篇著作內，每以深刻而幽默的描繪開場，引進嚴謹的統計報告，繼之參考歷代史實文獻，再配套詳盡圖片解說，堪稱文藝、科學、歷史及藝術的大結合。

〇〇〇

香港，美食之都。一年，應邀文物界大佬晚宴，走進酒樓，友人手指鐵籠內抖動的毛茸茸小動物說：「這就是我們要吃的果子狸，剛從廣西運來。」

當時我因那雙光亮的眼神震怔住，大有見其容不忍食其肉的惻隱。

廣西。廣東。啟元偵測出香港本土也有野生果子狸。

專吃果子而被命名的果子狸，逍逍遙遙深居山林裡，卻被險惡的人類撲捉到手，滿足貪婪的口腹，命運已夠悲慘。SARS疫災，竟又被排進黑名單，更是禍不單行。

為推諉責任而妄扣罪名給無辜者，是人類的慣技和通病。不但果子狸，其他若原本清白的，理應歸還清白。

〇〇〇

孫啟元致力生態研究，不辭勞苦著書立說，其志向不外乎：

該還清白的，還清白。

該有自由的，有自由。

該歸自然的，歸自然。

該要關懷的，要關懷。

該……

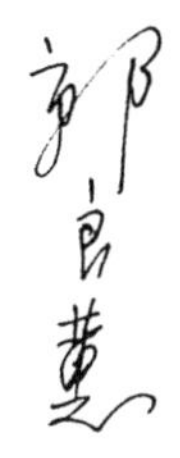

前言

〇〇〇

果子狸，非典型肺炎一役，一夜成名。

果子狸，令記者疲於奔命，渾渾噩噩。

記者問：花面狸是什麼？

記者問：白鼻心是什麼？

記者問：花面狸，白鼻心，果子狸，究竟有什麼關係？

記者又問：香港有沒有果子狸？

記者又問：香港果子狸究竟有多少？

記者還問：香港果子狸排洩糞便，會不會造成行山人士的感染？

有跟沒有的問答，暴露生活文明社會的人類，對於一線之隔的自然環境和生存其間的哺乳類野生動物，渾然不知，一竅不通。

〇〇〇

蝙蝠，人一口咬定，帶有冠狀病毒。
蝙蝠，讓記者廢寢忘食，絞盡腦汁。

記者問：是不是所有蝙蝠都會帶冠狀病毒？
記者問：是不是所有蝙蝠均百害而無一益？
記者又問：香港蝙蝠究竟有多少？
記者還問：香港蝙蝠吃食荔枝，村民說應該怎麼辦？

有跟沒有的問答，突顯生活文明社會的人類，對於一線之隔的自然環境和生存其間的翼手目哺乳類野生動物，懵懵懂懂，誤會重重。

○○○

人，看見新聞，滿臉狐疑。埋首苦思，仰天長吁，努力追憶，就是拼湊不了果子狸和蝙蝠的絲毫輪廓。

哺乳類野生動物，應該生存在遙遠的國度吧。

香港，應該沒有這些動物吧。

香港，就算有這些動物，應該也是極其少數吧。

果子狸，蝙蝠，無疑成為反派明星動物，惡名昭彰，立時成為人類的心腹大患。

果子狸，蝙蝠，被狠狠揪出來，就在電視收音機報章雜誌大肆抨擊，恨不得全得要鞭撻踢踹，處之死地。

好不容易才起步不久的哺乳類野生動物保育宣傳，幾乎功虧一簣。

所幸，非典型肺炎傳染，經過極力圍剿，暫時雲消霧散。

所幸，果子狸和蝙蝠帶原，尚待釐清，純屬個別案例。

哺乳類野生動物，終於平反，得以平穩過度。
哺乳類野生動物，調整腳步，繼續各自生物多樣性。

不然，果真如同一位高官若有所思，不得不表態：
「首先，我們要計算香港果子狸究竟有多少。然後，才能再做進一步的打算。」

○○○

香港哺乳類野生動物調查，夜以繼日。

哺乳類野生動物調查，並沒有因為突如其來的非典型肺炎流行而中止行動。
哺乳類野生動物調查，也沒有因為如火如荼的非典型肺炎漫延而策馬加鞭。

山頭密林，並沒有發現多了一些什麼死亡個體。
蠻荒山野，人煙絕跡，只能聽見食髓知味的蚊蟲嗡嗡聲，只能聽見枝頭傳遞信訊的雀鳥啾啾啼，也只能聽見自己的耳鳴吱吱叫。

身置山頭密林，誰也不理會誰宣布誰被感染，誰也不留意誰發布誰在帶原。

哺乳類野生動物，幾乎與世隔絕，就在封閉的環境，不動聲色，深居簡出，自由自在，求生存。

人，難怪看見新聞，滿臉狐疑。

果子狸，蝙蝠，原來就存在香港。

這些野生動物，並不生存在遙遠的國度。

這些野生動物，近在咫尺，而且比比皆是。

○○○

地勢崎嶇，過度開發。

香港的文明社會僅憑一線之隔，永遠對峙着自然環境，缺乏緩衝，沒有距離。

人，來來往往。

獸，遊遊蕩蕩。

人和獸，就在各自的狹窄空間，摩肩接踵，各奔前程，自食其力，互不相干。

人，難怪看見新聞，滿臉狐疑。埋首苦思，仰天長吁，即使努力追憶，就是拼湊不了果子狸和蝙蝠的片片輪廓。

目錄

食蟹獴(棕簑貓)Crab-eating Mongoose

食蟹獴(棕簑貓)Crab-eating Mongoose

果子狸(白鼻心)Masked Palm Civet

果子狸（白鼻心）Masked Palm Civet

導讀

○○○

看見山和林。

第一個問號，可能就是：「有沒有動物？」

第二個問號，可能會是：「有什麼動物？各有多少隻？」

看見一座山貫連一座山，一片林銜接一片林。

產生的第一個問號，可能就是：「動物，活動範圍有多大？」

產生的第二個問號，可能會是：「動物，會不會四處遷徙，來回走動？」

於是，動物調查開始了。動物調查，開始在蠻荒山林錄製劇情緊湊的生態記錄影集，一再重複播映。

終於，方興未艾的生態電視頻道，成為茶餘飯後，老少咸宜，令人大開眼界的益智節目。

生態電視頻道，帶來大小不一、高矮不等的哺乳類野生動物，家喻戶曉，一個一個已經成為眾所皆知的明星物種，百看不厭，追捧有加。

原來，山和林，真的有動物，而且還是如假包換的哺乳類野生動物。

○○○

香港有不少野生動物，野生動物在香港千奇百怪。
香港有哺乳類野生動物，哺乳類野生動物在香港自然環境穿梭不息。

香港人，卻懷疑香港有哺乳類野生動物。
香港人，不敢相信香港居然存在哺乳類野生動物。
香港人，認為香港哺乳類野生動物早已絕跡，不然就是東藏西躲，寥寥無幾。

香港哺乳類野生動物，意外地僥倖存活，人獸爭地，被迫顛三倒四，晝伏夜出，徹底改變根深柢固的活動模式，神出鬼沒，出人意表。只有極少數的香港人，在山野看見偶爾經過的哺乳類野生動物，驚鴻一瞥。

〇〇〇

三年前，有意無意，我認識裴家騏。

就是那個一股腦運用方法學，想要即時透視哺乳類野生動物棲地環境的裴家騏。

就是那個一股勁利用紅外線熱感應自動相機，想要清晰洞悉哺乳類野生動物分布的裴家騏。

就是那個一股熱誠使用重複估算方法，務求準確換算族群數量的裴家騏。

從此，紅外線熱感應自動相機被引進香港，一部一部，被設置在不同的郊野公園。

石澳郊野公園，拍攝到第一隻果子狸。

米埔自然保護區，拍攝到第一隻水獺。

香港哺乳類野生動物，向來無人覺察的詭異動作，終於被赤裸裸揭露，一隻一隻被大剌剌記錄。

香港人，認為毫不稀奇的山林，卻因為紅外線熱感應自動相機的發現，重新裹上一層神秘的霧紗。

兩百部紅外線熱感應自動相機，無孔不入。山林，二十四種非飛行哺乳類野生動物紛紛亮相，十四種翼手目哺乳類野生動物無所遁形。未曾間斷的攝影記錄，確確實實累積三年資料。紅外線熱感應自動相機，為今後香港哺乳類野生動物保育方向，提供難能可貴的相關數據。

裴家騏，堪稱是運用紅外線熱感應自動相機，進行哺乳類野生動物田野調查，累積記錄資料，實際換算族群地緣、族群分布、族群數量的創始人。香港哺乳類野生動物田野調查三年過程，給與我無比鍛鍊。除了感謝裴家騏諄諄指導，在這裡順

勢恭喜他在五月天晉升教授。（註：事隔多年，裴家騏現已榮升臺灣國立東華大學環境學院院長。）

〇〇〇

二〇〇二年中旬，賴玉菁正式參與香港哺乳類野生動物田野調查工作，並且提出利用微棲環境數據推算其他地區同型微棲環境可能存在的相關動物物種方案。這可是當年難得一見的大計畫。這就是賴玉菁和裴家騏日夜討論，各執己見，後來又不分軒輊，一致同意進行的大方向。

賴玉菁，一九九八年，榮獲美國印地安那州普渡大學 Purdue University 博士學位，博士論文就是「利用棲地適合表徵與空間分析估計野生動物多樣性從事生態系管理」，並且已經是同時得要帶領兩個碩士研究生的指導老師。（註：事隔多年，賴玉菁現已榮升臺灣華梵大學環境與防災設計學系副教授。）

六個月的時間。
八個研究助理，全天候賣力工作。
兩輛大馬力房車，每天行駛三百公里來回奔馳。
預算至少需要港幣三十萬元。
我決定全力以赴，並且以個人名義提供全部經費。

○○○

迅雷不及掩耳，首先挑選已經安裝在山林裡面的一百部紅外線熱感應自動相機，決定要以這一百部相機安裝位置，進行完整的微棲環境和植物群落分布現場調查，必須在每一部相機半徑一百公尺範圍之內，確實記錄植被狀況，地表植物，枯立倒木，樹冠層鬱閉度，林型，物種，草本、木本，小喬木、灌木等等比率；然後必須詳細記載坡度，坡向，海拔高，水流，岩石，懸崖，峭壁，土地利用狀況。目的就是要了解哺乳類野生動物對於微棲環境的選擇意向、以及利用程度。希望依賴微棲環境的數據，推算同型微棲環境可能存在的相關動物物種，估計移入動物的可

能性，了解動物族群大小，並且研究保育必要性。

這確實是一個大方案。這個計畫足以令熱衷方法學的裴家騏雀躍不已，侃侃而談，仔細規劃，此後又足足討論若干年。

○○○

能夠累積棲地環境點點滴滴，運用電腦分析組合，從事評估哺乳類野生動物對於棲地利用程度。這是一件多麼令人豁然開朗的大躍進。

棲地，被完整搬上舞臺。棲地背景，被地理資訊系統完全分析，用以確認棲地品質好壞。這又是一件多麼令人賞心悅目的新進度，是從事生態調查的學者不得不眉開眼笑的大躍進。

棲地參數，被放在地理資訊系統，分析棲地品質，進行生態系管理，新觀念大幅提升生態學，成為能夠模擬，能夠估算，能夠監測，能夠整合的應用科學。這樣的突破，令原來僅限於紙上談兵的哺乳類野生動物分布極限，瞬間被推上三度空間，再推向無限空間。哺乳類野生動物經營管理，從此有實事求是的新概念。訊資，科技，努力，鑽研，年輕，氣質，這些也從此都會成為賴玉菁今後嶄露頭角，前程萬里的雄厚本錢。

○○○

微棲環境和植物群落分布現況調查，吸引漁農自然護理署生物多樣性護理科蘇炳民科長注意，高度關切。由蘇炳民引見自然護理署植物部門葉國樑主任，再邀請植物部門野生植物辨識權威林英偉親臨田野調查現場指導辨認物種工作，同時主導植物標本室支援這次植物群落分布現況調查的所有物種確認鑑定。

經過六個月時間，收穫豐富。我們確實詳盡記錄山林裡面一百部紅外線熱感應自動相機位置的微棲環境和植物群落分布現況。密密麻麻的數據，也就統統交給賴

玉菁。

以根據微地形植物分布現況資料，目前正在分析的題目試述如下：

一、以微棲環境和植物群落分布現況實際資料，運用地理資訊系統，分析大嶼山離島和新界九龍之間的棲地差異。

二、以微棲環境和植物群落分布現況實際資料，比對赤麂嚙食植物物種，試分析赤麂棲地選擇及其分布狀況。

期待中。（註：事隔多年，學術研究報告已完成。）

○○○

黃始樂，漁農自然護理署自然護理行動主任，二〇〇〇年在美國靈長類動物學學報發表「香港的九龍丘陵地野生獼猴族群活動範圍」，積極致力香港哺乳類野生動物保育，任重道遠。就是由於黃始樂的大力推動，我、裴家騏、賴玉菁又成為二〇〇〇年九月正式起步的「香港本島和大嶼山離島麂屬動物田野調查」共同計劃主持人。

至於分析赤麂棲地選擇及其分布狀況的材料，包括赤麂嚼食植物的種類，就順便藉這六個月麂屬動物田野調查取自野外現場，例如有牙痕的葉莖，新鮮的糞便，碎葉果仁等胃內物。

「香港本島和大嶼山離島麂屬動物田野調查」有兩個主要研究項目：

一、利用毛髮進行ＤＮＡ比對。查証活動香港的麂屬動物，究竟是一九六七年香港大學動物系教授派翠西亞・馬歇爾博士 Dr. Patricia Marshall 在「香港哺乳類野生動物」Wild Mammals of Hong Kong 書中描述的黃麂（麖），還是野生動物保護基金會現在一再強調的赤麂。

二、利用無線電追踪。探索活動香港麂屬動物活動模式和活動範圍，作為日後重新規劃保護區哺乳類野生動物先鋒資料。

○○○

「香港本島和大嶼山離島麂屬動物田野調查」，已於二〇〇三年三月結束。

「香港本島和大嶼山離島麂屬動物田野調查」，已於六個月期限之內，分別在香港本島石澳郊野公園、香港仔郊野公園，大嶼山離島大東山、龍仔悟園，總計捕捉十一隻麂屬動物（八隻雄麂、三隻雌麂）。

「香港本島和大嶼山離島麂屬動物田野調查」分析結果如下：

一、十一隻香港本島和大嶼山離島麂屬動物毛髮，均交與臺灣國立師範大學李壽先指導的實驗室，進行DNA比對，答案是均為赤麂。

二、再結合一年前新界地區四隻麂屬動物毛髮，經由漁農自然護理署交給香港中文大學關海山的實驗室進行DNA比對，不謀而合，答案也都是赤麂。故結論香港麂屬動物應該是赤麂，而非當年誤判黃麂（麖）。

三、十一隻香港本島和大嶼山離島麂屬動物，均繫掛附有每隔兩秒發出頻響一次的發報器頸圈，使用接收距離可達三公里的Mission-One接收器作全天候移動追蹤。依賴無線電偵測，發現赤麂每每無定向遊走，大幅移動，似無固定棲所。基於計劃時間短暫，無法完全掌握十一隻赤麂行踪，缺乏完整數據，目前並不能結論香港麂屬動物活動模式及其活動範圍。

所以，我們正在擬訂赤麂第二階段研究計劃「新界、香港、大嶼山麂屬動物田野調查」，呈報漁農自然護理署，審核中。

○　○　○

赤麂，繫掛附有發報器的頸圈。

赤麂，繫掛頸圈形同佩戴項鍊。

赤麂，佩戴項鍊，搖身一變，儼若領取身分証的香港居民。

從今以後，安置山野的紅外線熱感應自動相機，不再只是記錄哺乳類野生動物分布的單一工具，枯燥無味。結合形同佩戴項鍊的赤麂，藉紅外線熱感應自動相機拍攝的記錄，根據活動範圍、實際面積、出現次數，即可以重複估算赤麂族群數量。

也就是說，但凡郊野公園有繫掛頸圈的任何哺乳類野生動物，在紅外線熱感應自動相機夜以繼日拍攝之下，就可以運用重複估算方法，確知該種哺乳類野生動物在郊野公園實際族群數量。

這絕對是一項突破。這個突破，足以讓嚮往研究方法學的裴家騏，可以一次又一次地滔滔不絕講個三年。

○○○

有技巧地架設紅外線熱感應自動相機於不同林型和地形，能夠正確估算哺乳類野生動物族群數量。這是裴家騏十年以來的推理，是夢想，理當是夢想成真。

香港，利用紅外線熱感應自動相機，偵測哺乳類野生動物分布，已經三年。基本數據已經掌握，重複估算每一個郊野公園的哺乳類野生動物族群數量，看來就是今後調查的惟一方向。勢必在行。而且時機成熟。

確實了解哺乳類野生動物族群數量，就能夠精確設計保育藍圖，才能夠有效執行哺乳類野生動物的經營與管理。

○○○

兩百部紅外線熱感應自動相機，無孔不入。山林，二十四種非飛行哺乳類野生動物紛紛亮相。

三年期間，紅外線熱感應自動相機確實記錄到眾多數量、大大小小、不同屬種的各式哺乳類野生動物，其中包括形形色色的嚙齒目——老鼠。畢竟設置在山林的紅外線熱感應自動相機所拍攝的老鼠，實在難作判斷，確實難以辨識。

辨識鼠種帶來的困擾，其實早在二〇〇〇年八月展開的「動植物關係微棲地調查」已經出現。當時，必須在不同地區的半公頃林地或草生地，必須於不同地區連續七天以等距離放置一百個鼠籠捕捉老鼠，這是一項耐力極限的挑戰，這是一項腦力和體力無止境的消耗戰。面對老鼠這種初級消費動物，反而教人感覺如同盲人摸

象，經常會遇見毛色變異的老鼠，經常會產生不同的憧憬或幻覺，經常會以為發現新物種。老鼠猶如戰國群雄，五花八門，眼花撩亂，由外形分類老鼠，屢屢爭論不休，而且倍受質疑。

為了徹底清楚真相，為了積極釐清分類。我們把一口氣在香港、九龍、新界、大嶼山，不同環境所捕獲近百隻老鼠肌肉組織，一併交給林良恭。林長恭的實驗室專長，當時就是進行小型哺乳類野生動物DNA比對。林良恭，就是小型哺乳類野生動物生態研究的權威學者。

老鼠，一直至進入林長恭的實驗室比對DNA，共識才逐漸出現，分類才逐漸明朗。即使能夠採樣，可供比對的序列卻不易取得。越有爭議的物種，也就越難在基因資料庫得到答案。總共有四十八隻老鼠DNA被成功萃取。香港現存鼠種，經過比對，答案終於出爐。

香港只有兩種老鼠。目前香港老鼠，只有嚙齒目黑家鼠*Rattus rattus*和針毛鼠*Rattus fulvescens*，以及數量不多的大型鬼鼠*Bandicota indica*。

毛色變異，容易造成誤判。以為會複雜得難以捉摸的老鼠，反璞歸真。

架設山野的紅外線熱感應自動相機，記錄到可觀的老鼠分布資料，於是經過重新辨識和鑑定。

終於，我們知道香港不但有嚙齒目黑家鼠 *Rattus rattus*、針毛鼠 *Rattus fulvescens*、鬼鼠 *Bandicota indica*，還有食蟲目灰鼩 *Crocidura attenuata*、臭鼩 *Suncus murinus*。

〇〇〇

林良恭，有自己的抱負。熱心教學，也熱愛政治。在林良恭的腦海，是編織着一幅美麗的藍天碧海。與眾不同，林良恭卻是一步一腳印，實事求是，沒有夢想，只有理想，不喊口號，他努力經營。

林良恭，臺灣東海大學生物系主任。留學日本。帶過不知其數的碩士研究生，目前也是四位博士研究生的指導老師。他身兼多職，還是臺灣中部地區的生態評估導師。林良恭總是默默耕耘，永遠為學生設想，永遠為生態系謀福利。（註：事隔多年，林良恭現已榮升臺灣東海大學教務長。）

認識林良恭的時候，他已經是研究小型哺乳類野生動物的佼佼者。蝙蝠，鼩鼠，松鼠，老鼠，鼩鼱，黃鼠狼，只要長相和老鼠相似的小型哺乳類野生動物，都是林長恭的研究對象，他必有緣千里去相會。

二〇〇三年七月七日，正式起步的「香港蝙蝠的多樣性及保育」，林良恭就是計劃主導老師。我常笑言，自己永遠是林良恭最用心聽講的旁聽生。

〇 〇 〇

『走樣的臉孔』，「香港哺乳類野生動物報導文學」第二本專輯。

為了方便自己進行數據統計，我決定依照「香港哺乳類野生動物報導文學」第一本專輯『模糊的腳印』，將香港劃分成為七塊區域：

一、香港本島（薄扶林、香港仔、大潭、石澳等郊野公園）。

二、新界九龍半島東北區域（船灣郊野公園、八仙嶺郊野公園、沙螺洞、紅花嶺、蓮麻坑）。

三、新界九龍半島中西區域（城門郊野公園、大帽山郊野公園、大欖郊野公園、林村郊野公園、大埔滘自然保護區）。

四、新界九龍半島東南區域（金山郊野公園、獅子山郊野公園、大老山郊野公園、馬鞍山郊野公園、西貢郊野公園）。

五、新界九龍半島西北區域（米埔自然保護區、皇崗至后海灣）。

六、大嶼山離島東區（東涌道以東）。

七、大嶼山離島西區（東涌道以西）。

〇

〇

〇

無心插柳，柳成蔭。

三年前，由自己開車經過香港島半山馬己仙峽道、巧遇忽然出現路旁樹幹的赤腹松鼠，至認識裴家騏、從此紅外線熱感應自動相機被引進香港、裝置兩百部紅外線熱感應自動相機無孔不入，山林二十四種非飛行哺乳類野生動物紛紛亮相，其後又在林良恭支援追踪之下、十四種翼手目哺乳類野生動物無所遁形。

三年時間，哺乳類野生動物實地田野調查幾乎不眠不休。未曾間斷，攝影和捕捉記錄，確確實實累積三年資料。

至少二十四種哺乳類野生動物在地面活動，起碼十四種翼手目哺乳類野生動物於樹梢飛行。証明香港政府向來重視生態環境保育。數十年成長的次生林，正在為一向認為可能存在的哺乳類野生動物，提供適宜棲地。

我看見山林成群哺乳類野生動物，無比欣慰。我留意遍地野狗聚集獵食，憂心忡忡。

我瞻望新界哺乳類野生動物多樣性，覺得自豪。
我遠眺大嶼山哺乳類野生動物分散稀薄，感到悲哀。

我為曾經來自深圳，渡過深圳河，南遷繁衍的哺乳類野生動物，笑顏慶幸。
我卻為大刀濶斧施工的深圳河，以及大興土木開墾的河岸工程，欲哭無淚。
我為曾經成功跳島，依然活躍於香港的哺乳類野生動物驕傲。
我卻為缺乏生態走廊，現在無法跨越的哺乳類野生動物難過。

人為砍伐，以人工植林贖罪。
人為破壞，以人工移入彌補。

曾幾何時，這些已經是香港人正在面對的試題了。

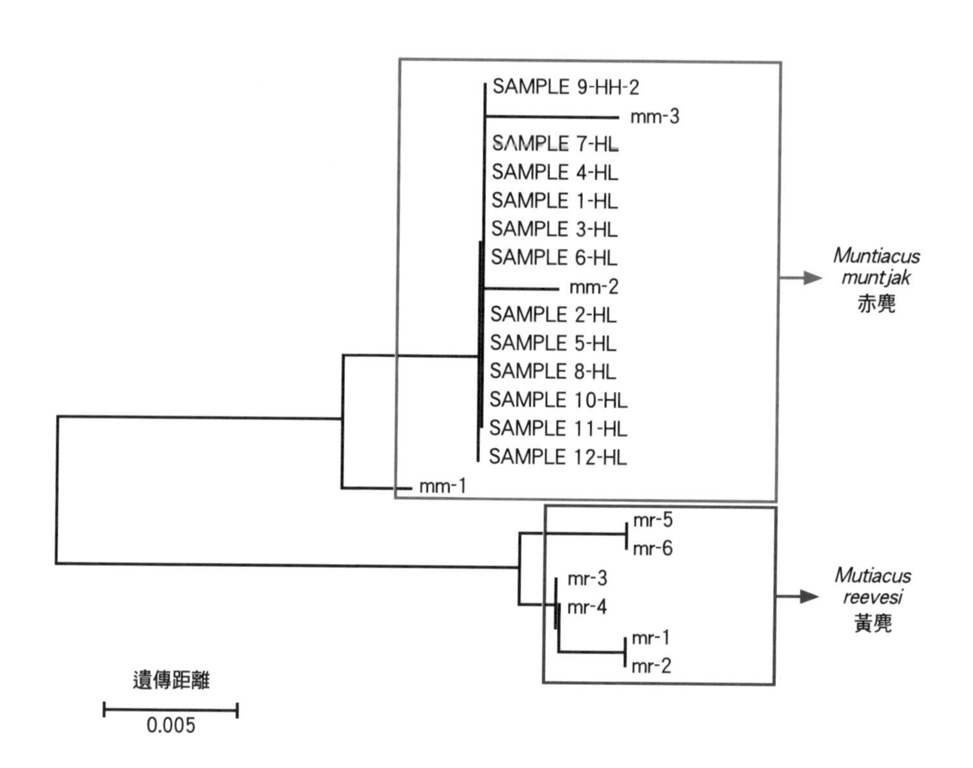
SAMPLE 9-HH-2
mm-3
SAMPLE 7-HL
SAMPLE 4-HL
SAMPLE 1-HL
SAMPLE 3-HL
SAMPLE 6-HL
mm-2
SAMPLE 2-HL
SAMPLE 5-HL
SAMPLE 8-HL
SAMPLE 10-HL
SAMPLE 11-HL
SAMPLE 12-HL
mm-1
mr-5
mr-6
mr-3
mr-4
mr-1
mr-2
Muntiacus muntjak
赤麂
Mutiacus reevesi
黃麂
遺傳距離
0.005

赤麂與黃麂的演化分枝

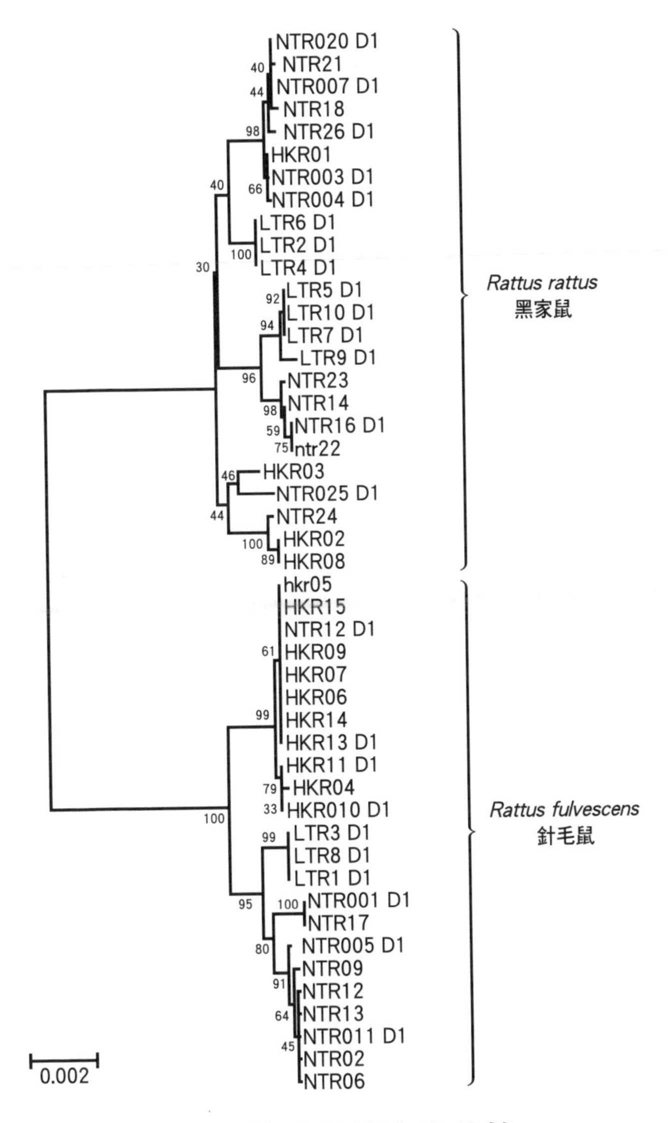

黑家鼠與針毛鼠的演化分枝

香港非飛行哺乳類野生動物現存名錄

二〇〇〇年九月至二〇〇三年四月調查結果

中文名稱	英文名稱	學名
針毛鼠	Spiny Brown Rat	*Rattus fulvescens* Gray
黑家鼠	Common Black Rat	*Rattus rattus* Linnaeus
鬼鼠	Bandicoot Rat	*Bandicota indica* Bechstein
臭鼩	Musk Shrew	*Suncus murinus* Linnaeus
灰鼩	Gray Musk Shrew	*Crocidura attenuata* Milne-Edwards
水獺	Eurasian Otter	*Lutra lutra* Linnaeus
恆河獼猴	Rhesus Macaque	*Macaca mulatta* Zimniermann
黃喉貂	Yellow-throated Marten	*Martes flavigula* Boddaert
黃腹鼬	Yellow-bellied Weasel	*Mustela kathiah* Hodgson
赤腹松鼠	Red-bellied Tree Squirrel	*Callosciurus erythraeus* Pallas
野黃牛	Feral Cattle	*Bos taurus* Linnaeus
野水牛	Feral Water Buffalo	*Bubalus bubalis* Linnaeus
野狗	Feral Dog	*Canis familiaris* Linnaeus
野家貓	Feral Cat	*Felis catus* Linnaeus
赤麂	Indian Muntjac	*Muntiacus muntjak* Zimmerinann
穿山甲	Chinese Pangolin	*Manis pentadactyla* Linnaeus
豹貓(石虎)	Leopard Cat	*Prionailurus bengalensis* Kerr
豪豬	Chinese Porcupine	*Hystrix hodgsoni* Gray
野豬	Wild Boar	*Sus scrofa* Linnaeus
食蟹獴	Crab-eating Mongoose	*Herpestes urva* Hodgson
紅頰獴	Javan Mongoose	*Herpestes javanicus* E. Geoffroy
鼬獾	Chinese Ferret Badger	*Melogale moschata* Gray
麝香貓	Small Indian Civet	*Viverricula indica* Desmarest
果子狸(白鼻心)	Masked Palm Civet	*Paguma larvata* Hamilton-Smith

香港翼手目哺乳類野生動物現存名錄

二〇〇一年六月至二〇〇二年十二月調查結果

中文名稱	英文名稱	學名
大鼠耳蝠	Large Mouse-eared Bat	*Myotis myotis*
大足鼠耳蝠	Rickett's Big-footed Bat	*Myotis ricketti*
水鼠耳蝠	Eastern Daubenton's Bat	*Myotis daubentoni*
大葉鼻蝠	Great Round-leaf Bat	*Hipposideros armiger*
大耳雙色小葉鼻蝠	Bi-coloured Roundleaf Bat	*Hipposideros pomona*
大褶翅蝠	Large Bent-winged Bat	*Miniopterus magnater*
南褶翅蝠	Lesser Bent-winged Bat	*Miniopterus pusillus*
中蹄鼻蝠	Intermediate Horseshoe Bat	*Rhinolophus affinis*
魯氏蹄鼻蝠	Rufous Horseshoe Bat	*Rhinolophus rouxi*
小蹄鼻蝠	Least Houseshoe Bat	*Rhinolophus pusillus*
扁顱蝠	Lesser Club-footed Bat	*Tylonycteris pachypus*
東亞家蝠	Japanses Pipistrelle	*Pipistrellus abramus*
犬蝠	Short-nosed Fruit Bat	*Cynopterus sphinx*
棕果蝠	Leschnault's Rousette Bat	*Rousettus leschnaulti*

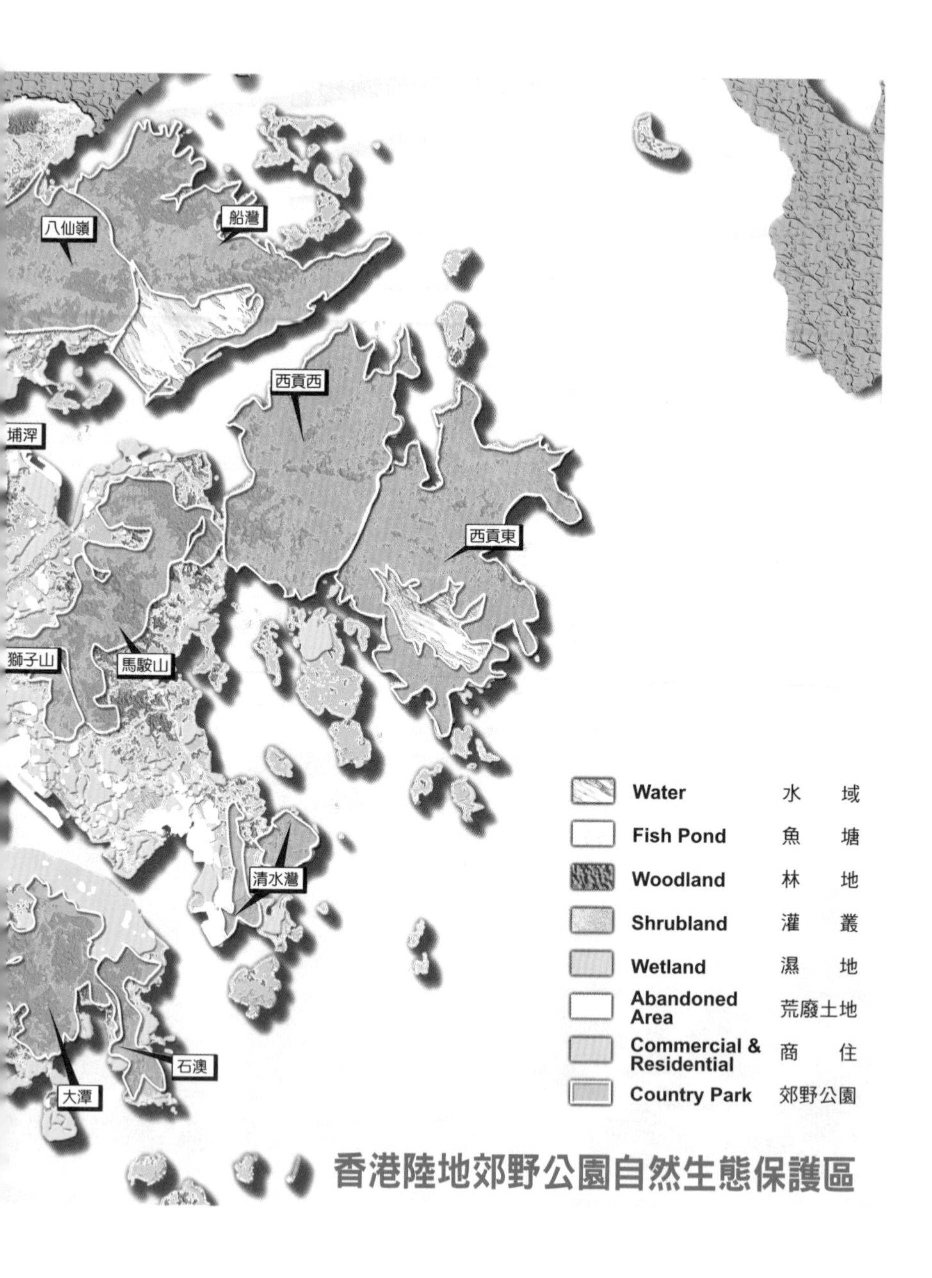

香港陸地郊野公園自然生態保護區

林村
大欖
城門
金山
北大嶼
南大嶼
薄扶林

雨過天青又是星期天

恆河獼猴

RHESUS MACAQUE

Macaca mulatta Zimniermann

體重：6－12公斤
體長：50－60公分
尾長：20－30公分
懷孕期：5.5個月
壽命：30年（圈養）

○ ○ ○

獼猴，集結在通往水塘的公路路口，又排排坐通往水塘的柏油馬路邊，像列隊歡迎到訪外國元首的小學生，歡欣鼓舞，引頸張望，還不時交頭接耳。獼猴知道，今天就是星期天。星期天，正是人群放下工作，展開休閒活動的好日子。星期天，正是人群與高采烈想要到馬騮山（猴子山）餵猴子的好時刻。獼猴知道，馬騮山所指其實就是這裡風景如畫的金山水塘。想要進來金山水塘，就非得要走這條惟一通往水塘的柏油馬路。

日出三竿，九點半鐘，獼猴已經來自四面八方，依先後次序，在柏油路面各就各位，各據一方，座無虛席。

○○○

通往水塘的路口，果然出現人潮。男女老少，攜老扶幼，情人眷屬，老師同學，走路，開車，不約而同，逕朝柏油馬路逐次接近。獼猴迎向人潮，觀顏閱色，笑臉迎人，爭先恐後，伸手討食，你爭我奪，連呑帶嚥，貪得無厭，吃得兩腮鼓

漲，滿臉通紅，雙眼發怔，還得要環顧左右，裝腔作勢，張牙舞爪，怒視同濟，生怕還有即將到手的美食會被捷足先登。星期假日的金山水塘，氣氛詭異，歡天喜地的表面，其實正籠罩着明爭暗鬥。

○○○

樹，挨近水塘，櫛比鱗次。
林，指向山頭，放眼無際。
獮猴，攀緣枝頭，在樹林跳進跳出。
吃撐的獮猴，眼饞肚飽，不得不勉強鑽回樹林，難捨難分。
遲到的獮猴，飢腸轆轆，趕緊在路面填補空缺，迫不及待。
柏油路面，人來人往，猴進猴出，來回穿梭，人猴打成一片。
花生、水果、麵包、叉燒包，滿天飛。
空罐、紙巾、餐盒、塑膠袋，隨地扔。

眼看猴群滑稽古怪的舉止，人聲沸騰。

眼看人群刻意作弄的餵食，猴聲四起。

突然，叫囂震天，殺氣騰騰，刀光劍影，敵我難分。猴群，忍不住扭打成團。

頓時，引起騷動，比手畫腳，嬉笑怒罵，意猶未盡。人群，好奇地駐足圍觀。

直至一聲淒厲的喊叫聲，劃破天空。隨着一隻趁虛而入，從孩童手中搶奪整包花生，擦身而過，揚長而去的獼猴。就當大家視線同時落在孩童臉上的一刻，人群鴉雀無聲，噤若寒蟬。猴群面面相覷，一哄而散。因為，孩童的臉被抓破了，孩童的手也被咬傷了。淚水涔涔，沿面頰下滑。鮮血瀝瀝，順衣角而滴。孩童呆立路面，嚎啕大哭，兩手空空。

霎時，驚叫的驚叫，咆哮的咆哮，安慰的安慰，求救的求救，報警的報警，走避的走避。

警號長鳴。

警車呼嘯而至。

救護車隨即趕到。

孩童被送進醫院。

人猴，鳥獸散。大地，一片沉寂。留下來的只是蒼蠅嗡嗡叫，只有垃圾處處見。

通往水塘的路口，繫在欄杆的那張眾人視若無睹的標語，正在迎風曳搖，啪啪作響。

斗大的字體寫着：

「禁止餵飼野生猴子

違例者會被檢控 最高罰款壹萬元

香港法例第一七〇章 野生動物保護條例」

〇〇〇

獼猴，不是截尾獼猴，也不是馬來獼猴。

獼猴，就是恆河獼猴。

恆河獼猴，臉顏削瘦，眉清目秀，面相不一，臉有稀疏黑毛。頭頂並無所謂的漩毛。兩頰有暫時儲存食物的頰囊。臉耳多呈肉色，少數偏紅色。體型中等，四肢粗壯，五趾的指端有扁平指甲。尾長是體長五分之二至二分之一。臀胝明顯，或稱臀疣，顏色偏紅。額頭毛色棕黃。手背黑灰，背毛呈灰色，延至腰臀和後肢即漸轉金橙或棕黃顏色。肩毛較長。腹毛淡灰。四肢內側淡棕。尾呈刷狀，尾尖灰黃。

恆河獼猴，俗稱折，女色，黃猴，沐猴，羅猴，猢猻，馬騮，小黃猴，恆河猴，金絲猴，廣西猴。英文叫做 Rhesus Macaque。

恆河獼猴，生活於華南和東南亞部分地區，分類成靈長目/真猴亞目/狹鼻下目/獼猴超科/獼猴科/獼猴屬物種。目前已知有三個亞種。發現地區包括印度北部，阿富汗東部，巴基斯坦北部，泰國北部，越南北部，中國河北、河南、山西、陝西、甘肅、雲南、貴州、四川、湖南、湖北、江西、浙江、廣西、廣東、海南島、香港。

恆河獼猴，亦有文獻指出，美國佛羅里達州、中南美波多黎各，都出現引進種。

○○○

獼猴分類，長期各說各話。恆河獼猴，經常會與馬來獼猴、長尾獼猴，混為一談。獼猴純種與否，各家各派也多保持懷疑態度，因為恆河獼猴和其它獼猴雜交現象普遍存在。

恆河獼猴的強勢作風卻教人津津樂道。恆河獼猴行為和棲地研究，自然不乏人在。

國內國外都有品頭論足的獼猴文獻，現在摘錄於後，提供參考：

恆河獼猴，人類知道最多、瞭解最多的獼猴屬物種，經常被利用做為生物學、醫藥學、心理學的研究實驗對象，甚至成為測試理解、學習、記憶的研究對象。

(Grzimek´s Encyclcpedia of Mammals, 1976)

恆河獼猴，一九四〇年已知血液裡的遺傳因數有和人類相似的抗原體，自此以後成為醫學對付病毒的研究對象。(Grzimek´s Encyclopedia of Mammals, 1976)

恆河獼猴，擁有寬廣的適應能力，可生活於低窪平原以至高達三千公尺山地環境，能生存在旱熱夏季或冰冷冬季，即使是大雪或溫度降至冰點以下，亦能容忍存活。(Grzimek´s Encyclopedia of Mammals, 1976)

恆河獼猴，可發現在茂密森林，又或者在乾旱沙漠活動。(Grzimek´s Encyclopedia of Mammals, 1976)

恆河獼猴，特別嚮往佛教和印度教寺廟地區、市場範圍、火車站附近。不但取食人類施與的食物，更經常伺機搶奪或偷竊人類的飲食供應品，令人生厭。(Grzimek´s Encyclopedia of Mammals, 1976)

恆河獼猴，一旦出現文明地方不會輕易離去，除非發現另一個更加誘惑的人類居住環境。(Grzimek´s Encyclopedia of Mammals, 1976)

恆河獼猴，不同生態環境的飲食習慣不大相同，有些地方以噬食地面藥草、根莖、花芽為主，有些地方專吃枝頭果實、葉芽，並在樹上活動。(Grzimek´s Encyclopedia of Mammals, 1976)

恆河獼猴，夏季經常吃食地面可被利用的各類植物，冬季因為風雪覆蓋而僅

能吃食低營養價值和高纖維含量植物，例如橡木樹葉、松樹針葉，苟且偷生。(Grzimek´s Encyclopedia of Mammals, 1976)

恆河獼猴，動情期約在九月至十月，熱帶地區會更寬容，生育期的母猴排卵期明顯延長，每個周期大約維持二十六天至二十八天，生殖器周圍氾紅顯而易見。(Grzimek´s Encyclopedia of Mammals, 1976)

恆河獼猴，繁殖期間的公猴生理變化明顯，睪丸增大二倍，裸露的皮膚出現紅斑，公猴之間挑釁毆鬥明顯增加，甚至攻擊不同族群，彼此關係極不明確，紛爭不斷。(Grzimek´s Encyclopedia of Mammals, 1976)

恆河獼猴，繁殖期間的母猴會展示性吸引力，被挑選的公猴理所當然地位卓越。(Grzimek´s Encyclopedia of Mammals, 1976)

恆河獼猴，以女家長為中心，公猴不斷在族群之間輪替變動，有外來者介入，亦有遷徙至其它族群者。(Grzimek´s Encyclopedia of Mammals, 1976)

恆河獼猴，亦會要求配偶忠貞，嚮往追求高階層配偶，又或是身分較為特殊的配偶。(Grzimek´s Encyclopedia of Mammals, 1976)

恆河獼猴，母子關係並不親密，年輕公猴經常被其它家族母猴的媚力吸引而離家出走，特別是低階層的公猴，異動頻密。(Grzimek´s Encyclopedia of Mammals,

1976)

恆河獼猴，族群高達八十至一百隻過膽時刻，即會發生分割現象，年輕的女家長會帶領一些公猴另組家庭，直至勢力龐大，能夠獨立。(Grzimek´s Encyclopedia of Mammals, 1976)

恆河獼猴，無勢力範圍概念，並不要求獨享領域，族群可相互越界，特別是在旱季，可以交叉活動，但是低階層的獼猴必須由高階層獼猴引見，彼此才能相安無事。(Grzimek´s Encyclopedia of Mammals, 1976)

恆河獼猴，密林每一平方公里維持五至十五隻聚集棲息，在人類居所邊緣每一平方公里則以七十五隻群聚活動，爭鬥追打，情況嚴重，時有發生。(Grzimek´s Encyclopedia of Mammals, 1976)

恆河獼猴，出沒人類居所邊緣，驍勇善戰，競爭不斷，要比叢林的獼猴族群強悍。(Grzimek´s Encyclopedia of Mammals, 1976)

恆河獼猴，大數量群居，以五十隻或以上集結生活。(Mammals of Thailand, 1977)

恆河獼猴，群體的比率：成年公猴占 10 － 15%，成年母猴占 30 － 35%，未成年猴占 25 － 30%，幼猴占 20 － 25%。(Mammals of Thailand, 1977)

恆河獼猴，成年公猴在群體僅扮演發號施令、指揮活動、相互毆鬥的角色，母猴才是代代相傳世襲的主要成員。(Mammals of Thailand, 1977)

恆河獼猴，和人類社會一直維持所謂的共生關係，持續在村落、城鎮、寺廟、路邊，取食或掠食。(Mammals of Thailand, 1977)

恆河獼猴，為求方便覓食，多選擇種植農作物附近的次生林活動，即使遭到農民攻擊驅趕也不輕易離去，除非遭遇大量獵殺或設置陷阱捕捉。(Southwick, 1965)

恆河獼猴，傾向棲息人類居家邊緣樹林，喜熟食，經常偷竊或強搶居民和路人食物。(Singh, 1969)

恆河獼猴，經人類餵吃熟食而會對於人文環境產生莫大興趣，進而改變覓食與休息習慣，移至人群居住附近的樹林，早出晚歸，謀求發展。(Singh, 1969)

恆河獼猴，棲息丘陵地至海拔四千公尺高山，一些僻靜且擁有食源的不同環境，對棲地條件要求較低，喜歡棲息石山林灌，岩石峭壁，溪谷河溝，藤樹茂盛的各種地段。(中國瀕危動物紅皮書，1998)

恆河獼猴，以十數隻至數十隻結集活動，猴群大小會因棲地環境優劣而別，在繁殖與缺食季節，群體會擴大，活動範圍會較廣。(中國瀕危動物紅皮書，1998)

恆河獼猴，採食野果，貪婪挑剔，邊摘邊丟，只吃甜熟果實，故逢猴群過境，

遍野斷枝棄果，又因為野果可利用程度低微，故經常擴大覓食範圍，活動時間相形增長。（中國瀕危動物紅皮書，1998）

恆河獼猴，十一月至十二月其間發情，次年三月至六月產仔，妊娠期一百六十三天左右，哺乳期四個月，母猴二年半至三年性成熟，公猴四年至五年性成熟。（中國瀕危動物紅皮書，1998）

恆河獼猴，因為人類經濟活動快速發展，深入山區，引起獼猴族群外移，進而入侵農田，盜食莊稼，破壞嚴重。（中國瀕危動物紅皮書，1998）

恆河獼猴，或來回枝頭，或活動地面，或攀爬岩塊，天黑則在樹上過夜。（中國經濟動物，1964）

恆河獼猴，群居，公母老幼不拘，可聚集數十隻至一二百隻群體活動。（中國經濟動物，1964）

恆河獼猴，休息時會有資深公猴負責高處放哨，遇敵人入侵即大聲叫嚷，示警躲避。（中國經濟動物，1964）

恆河獼猴，行動迅速，會泅水，能輕易渡過山澗溪河，一般覓食並無固定路線，來回途徑不一。（中國經濟動物，1964）

恆河獼猴，雜食，平時以野菜野果充飢，經過竹林會取食竹筍，愛吃野芭蕉

花，農作物成熟時又會成群結隊下山危害莊稼。（中國經濟動物，1964）

恆河獼猴，母猴每年繁殖一胎，每胎一仔，懷孕期六個月，哺乳期三至四個月，雄性七年性成熟。（中國經濟動物，1964）

恆河獼猴，為害農作物，如遇農夫追趕，會從山上推下石頭或扔下石塊反抗。（中國經濟動物，1964）

恆河獼猴，分布丘陵和山地，棲息濶葉林、針濶混合林、竹林、裸岩、懸崖，群居數量不一，一般為四十至五十隻。（四川獸類，1999）

恆河獼猴，白天活動林間，上樹採食，地面嬉戲，彼此追逐，互相理毛，善攀緣，能跳躍，會游泳，可泅水過河。（四川獸類，1999）

恆河獼猴，食性雜，以野菜、野果、幼芽、嫩葉、花朵、竹筍為食，亦吃鳥類、鳥卵、昆蟲，農作物成熟更成群出動掠食。（四川獸類，1999）

恆河獼猴，繁殖期並不固定，母猴懷孕一五〇至一六五天，每胎一仔，偶產二仔。（四川獸類，1999）

恆河獼猴，瀕危動植物國際貿易公約 CITES 列為附錄II，中國政府核准二級重點保護動物。（四川獸類，1999）

恆河獼猴，群居棲息，有猴王，二十至四十隻為一群，白天活動覓食，夜間在

岩洞或懸崖下過夜，有時在樹上睡覺。（中國脊椎動物，2000）

恆河獼猴，無固定棲所，卻有一定領域，隨食源變化而遷徙，群棲，群體大小不等，以體壯者為王，猴王有統領和保護的責任。（廣東野生動物，1970）

恆河獼猴，視覺靈敏，好動，有懼、慌、哀、怒、樂等表情和聲音信息。（廣東野生動物，1970）

恆河獼猴，主食野果和嫩枝葉，亦覓食貝類和蝦蟹。（廣東野生動物，1970）

恆河獼猴，常見海拔三千公尺以下各種常綠濶葉林、稀樹灌叢、河谷叢林、山區溪澗，多岩矮樹地帶則為特別偏好的棲息地。（中國獸類踪跡，2001）

恆河獼猴，群居，晝行，玩耍，嗚叫，嬉戲，追逐，鬥毆，跳躍，都是日常行為，主食野果，經常成群盜掠林緣農作物。（中國獸類踪跡，2001）

○○○

中國南方，盛傳人食猴，甚至以猴腦為最。是不是因為獼猴盜掠莊稼，所以繩之食之不得知。歷年文獻卻沒有發現古人有什麼食猴心得，文獻對於獼猴描述僅限於平鋪直敘，文字也看不出有什麼非吃不可的理由。

古人文獻提及獼猴記載，現在摘錄如下，提供參考：

《爾雅》鼬屬，寓鼠曰嗛，頰裡貯食處寓謂獼猴之類，寄寓木上，寓木之獸及鼠皆曰嗛，郭云，頰裡貯食處寓謂獼猴之類寄寓木上，此屬皆咽中藏食復出嚼之，故題雲鼬屬。

《博雅》猱狙，獼猴也。

《博雅》對俗篇，獼猴，壽八百歲變為猿，壽五百歲變為玃，玃千歲變為蟾蜍壽三千歲。

《毛詩陸疏廣要》母教猱升木，猱，獼猴也，楚人謂之沐猴，老者為玃，長臂者為猿，猿之白腰者為蟖，胡蟖駿捷於獼猴，其鳴噭噭而悲，朱傳，猱，獼猴也，性善，升木不待教而能也。

《爾雅》云，猱蝯善援，玃父善顧，明是二種，陸疏云，老者為玃，則混為一矣，其類甚多，曰猱，曰蝯，曰狙，曰玃，曰猨，曰猴，曰狖，曰獨，曰狨，曰獼猴，曰沐猴，曰母猴，曰蟖胡，曰猳玃，曰胡孫，曰王孫，雖因其形，有大小臂，有短長鳴，有曉夜色，有青白玄黃，性有緩急，群特，故異其名。

《埤雅》呂子曰，狗似玃，玃似母猴，母猴似人，猴善侯，其字從侯，白虎通曰，侯，候也，楚人謂之沐猴，舊說此獸無脾，以行消食，蓋猿之德靜以緩，猴之德躁以嚚，故古者造字為象母猴之形，柳子曰，猿類，仁讓孝慈，居相愛，食相先，行有列，飲有序，有難則內其柔弱者，不踐稼蔬，木實未熟，相與視之謹，既熟，嘯呼群，萃然後食，山之小草木，必環而行遂其植，猴之德勃諍號呶，雖群不相善也，食相噬齧，行無列，飲無序，有難則推其柔弱者以免，好踐稼蔬，所過狼藉披攘，木實未熟，輒齕齩投注，竊取人食，皆以自食其嗛，山之小草木，必陵挫折撓之，猿性靜，夜嘯常風月肅然，猴性動，每至林木皆振響。

《爾雅翼》王育曰，猴無脾，故行以消所食，猶象然，停則有病然，王延壽賦稱，儲糧食於兩頰，稍委輸於胃脾，乃是有脾也。

《爾雅翼》王育曰，猴性躁，見物輒鬥，故稱沐猴，與狗鬥，又好殘毀物器，尤工捕蝨，論衡曰，鹿制於犬猴，伏於鼠爪，不利也，說文云，為母猴也，楚辭曰，獮猴兮，熊羆慕類兮，以悲，老子曰，為者敗之，猴之性好詐，故狙詐狙擊。

《本草綱目》李時珍曰，按班固白虎通云，猴候也，見人設食伏機則憑高四望，善於候者也，猴好拭面如沐，故謂之沐，而後人訛沐為母，又訛母為獼，愈訛愈失矣，說文云，為字象母猴之形，即沐猴也，非牝也，莊子謂之，狙養馬者，廟中畜之，能辟馬病，胡俗稱馬留云。

《本草綱目》唐慎微曰，獮猴有數種，總名禺屬，取色黃面赤尾長者用，人家養者不主病，為其食雜物，違本性也。

《本草綱目》李時珍曰，猴處處深山有之，狀似人而頰陷有嗛，嗛音歉，藏食處也，腹無脾，以行消食，尻無毛而尾短，手足如人，亦能豎行，聲嗝若欬，孕五月而生子，生子多沐於澗，其性躁動，害物畜之者，使坐杙上，鞭掊旬月乃馴也。

《論衡物勢篇》，五行之氣相賊害，含血之蟲相勝服曰，審如論者之言，含血之蟲亦有不相勝之效已，蛇也，申猴也，火勝金蛇，何不食獮猴，獮猴者畏鼠也，囓獮猴者犬也，鼠水獮猴金也，水不勝金，獮猴何故畏鼠也，戌土也，申猴也，土不勝金，猴何故畏犬。

○○○

牛津大學，於一九六七年出版「香港哺乳類野生動物」Wild Mammals of Hong Kong。獼猴，就在香港大學動物系教授派翠西亞．馬歇爾博士 Dr. Patricia Marshall 的描述之下，呼之欲出。若隱若現的獼猴，卻不是恆河獼猴，出人意料，反而是長相不一，塊頭較小，尾巴細長的馬來獼猴（長尾獼猴）。

從登錄的測量質和獼猴外表形容，估計看見的獼猴應該就是馬來獼猴。根據派翠西亞．馬歇爾博士叙述，當年在九龍一個水塘附近是有一群馬來獼猴，她認為獼猴是在一九三九年至一九四五年，第二次世界大戰期間，被有意釋放、又或者是無意逃脱的外來物種。當年，派翠西亞．馬歇爾博士在報告裡，同時輕描淡寫提及恆河獼猴，以為在香港本島和新界地區偶爾出現的極少數恆河獼猴，應該已經逐漸消失了。

香港政府，於一九八二年出版「香港動物」Hong Kong Animals。哺乳類野生動物部分，由香港大學動物系教授鄧尼斯．希爾博士 Dr. Dennis S. Hill 執筆。我相信鄧尼斯．希爾博士可能並沒有經過實地田野調查，因為關於獼猴描述，似乎就是翠西亞．馬歇爾博士於一九六七年撰寫版本，如出一轍：

「最少有二十隻長尾獼猴，棲息於九龍水塘附近森林區，具有大約與身體等長的尾部。時至今日，牠們已在本港形成繁殖中的若干小族群。」

世界自然基金會ＷＷＦ，於一九九二年出版「香港獼猴」Hong Kong Macaques。特別聘請約翰．費洛斯博士 Dr. John R. Fellows 由英國遠道而來，從事香港獼猴實地調查，為期一年，執筆分析，將歷年路過香港的學者發表、以及沒有發表眾說紛紜的資料，編輯整合，較具體地出版這本香港獼猴田野調查報告。

關於約翰．費洛斯博士所做的獼猴分類，現在節錄如後，提供參考：

香港獼猴，屬種包括恆河獼猴 *Macaca mulatta*、馬來獼猴（長尾獼猴）*Macaca fascicularis*、日本獼猴 *Macaca fuscata*。(Southwick & Southwick 1983) 屬種又包括截尾獼猴（藏酋獼猴）*Macaca thibetana*、豬尾獼猴 *Macaca nemestrina*。(Francis D. Burton) 以及其它雜交獼猴。

約翰．費洛斯博士大胆假設，香港獼猴數量六五〇隻左右。

美國「靈長類動物學學報」，於二〇〇〇年刊載香港漁農自然護理署ＡＦＣＤ濕地及動物護理執法主任黃始樂彙集整理曾經在科技大學研究獼猴的碩士論文「香港的九龍丘陵地野生獼猴族群活動範圍」。黃始樂在研究報告估計，一九九三年，獼猴棲息九龍山丘大約八個族群，總數六九〇隻。

關於黃始樂所研判不同屬種比率，現在節錄如後，提供參考：

香港獼猴屬種，包括恆河獼猴 *Macaca mulatta* 計 65.3%、馬來獼猴（長尾獼猴）*Macaca fascicularis* 計 2.2%、截尾獼猴（藏酋獼猴）*Macaca thibetana* 計 0.2%、雜交獼猴計 32.3%。

恆河獼猴，這個時候才有較為完整的田野調查報告。恆河獼猴，經過確認，旗幟鮮明。

〇〇〇

方物，意指各地物產。

方物誌，意指記載各地物產。

香港確實發行過兩本方物誌。

一九七四年，香港上海書局出版葉林豐「香港方物志」。

一九九九年，天地圖書有限公司出版饒玖才「香港方物古今」。

香港方物誌，有的跟沒有的，走馬看花，古今中外，道聽途說。

香港獼猴，可考和不可考的內容，倒也教人津津樂道，意猶未盡。

香港方物志，葉林豐寫香港野馬騮，提及一八六六年，斯溫荷氏記載，香港許多小島都發現猴類踪跡，並且於一八七〇年將捕獲的馬騮加以研究，稱之石猴。此種石猴，可以在香港附近多數小島發現，頗似印度恆河獼猴，尾巴特別短。剖腹曬乾的獼猴，時常掛在香港和廣州藥材店的天花板下，猴骨也被當做藥材出售。（註：斯溫荷氏，實為斯溫荷博士 Dr. Swinhoe，於一八六三年發現臺灣獼猴，學名 *Macaca cyclopis*。於一八六六年在香港發現頗似印度恆河獼猴的石猴，因而由推理作出三種假說：一、希望乘勝追擊，發現臺灣獼猴之後，能夠發現香港特有種獼猴，再接再厲。二、根本心中有數，雖然知道在香港看見的獼猴就是恆河獼猴，還是心存僥倖，嘗試証明可能會是獼猴新種。三、感覺模稜兩可，接觸的香港獼猴其實幾乎都是雜交獼猴，特徵已被強勢的恆河獼猴同化取替，令人迷惑。）

〇〇〇

香港獼猴，孰是孰。經過一百三十年，孰不知孰是孰非。

野生動物保護基金會，於二〇〇〇年九月開始調查香港哺乳類野生動物。由安裝在山頭森林二百部紅外線熱感應自動相機拍攝的獼猴相貌記錄，發現香港獼猴都是恆河獼猴、以及酷似恆河獼猴而帶有相同血源的雜交獼猴。

二〇〇〇年九月至二〇〇三年四月止，安裝在香港山區的紅外線熱感應自動相機，於九龍半島和新界地區記錄恆河獼猴資料二百三十七筆（以族群活動為單位計算）。香港本島、大嶼山離島，並無恆河獼猴發現記錄。

關於野生動物保護基金會記錄恆河獼猴資料，現在節錄於後，提供參考：

一、香港本島

恆河獼猴，至今在香港本島沒有任何發現記錄。

二、新界九龍半島

恆河獼猴，於東北區域並無發現記錄。

恆河獼猴，於中西區域白晝開始活動最早時間三筆。06:15, 06:23, 06:29。

恆河獼猴，於中西區域黃昏結束活動最遲時間三筆。17:26, 17:32, 17:56。

恆河獼猴，於中西區域入夜夜行活動最早時間二筆。18:09, 18:41。

恆河獼猴，於中西區域夜半結束夜行活動最遲時間二筆。21:09, 23:30。

恆河獼猴，於中西區域全日活動高峰時刻段一〇八筆。06:00 – 18:00。

恆河獼猴，於中西區域置身風雨覓食記錄十一筆。

恆河獼猴，於中西區域會出現族群晝夜活動。

恆河獼猴，於東南區域白晝開始活動最早時間五筆。06:13, 06:16, 06:19, 06:20, 06:22。

恆河獼猴，於東南區域黃昏結束活動最遲時間四筆。17:36, 17:41, 17:42, 17:58。

恆河獼猴，於東南區域入夜夜行活動最早時間四筆。18:02, 18:04, 18:20, 18:30。
恆河獼猴，於東南區域夜半結束夜行活動最遲時間二筆。01:25, 02:35。
恆河獼猴，於東南區域全日活動高峰時刻段一一五筆。06:00 － 19:00。
恆河獼猴，於東南區域置身風雨覓食記錄七筆。
恆河獼猴，於東南區域被野狗追捕記錄三筆。
恆河獼猴，於東南區域毛色白化記錄一筆。
恆河獼猴，於東南區域會出現族群晝夜活動。

恆河獼猴，於西北米埔區域經過快速道路被車輛輾斃記錄一筆。

三、大嶼山離島
恆河獼猴，至今在大嶼山離島並無發現記錄。

○
○
○

那邊，獮猴三三兩兩，散落在通往水塘的柏油路面，景象寂寥。獮猴，惟有傾聽自己雙耳發出的吱吱耳鳴。

這邊，獮猴三五成群，流落在通往柏油馬路的公路路口，眼巴巴期盼疾速行駛的車水馬龍，希望能夠有一兩個遊客跳下車，即興光臨。

路口的獮猴，百無聊賴。車上的人，七嘴八舌。獮猴知道，今天不是星期假日，即使偶爾匆匆路過路口的行人，無不加快腳步，箭步如飛，朝向各自的目標疾疾奔去。

獮猴開始鼓噪，畢竟夕陽西沉象徵黃昏即逝。

那將會是一天的結束。

那將會是希望的破滅。

那將會是枯立路面，毫無所獲的無情宣判。

像失控的群眾，像失智的暴徒，像失魂落魄的難民，路口的獮猴忽地凶神惡煞，一擁而上，蠻橫搶奪剛從市場買菜路過準備歸家的落單婦人。婦人滿臉愕然，拔腿就跑，驚慌逃去。

路口的猴群，一邊撕扯到手的鼓漲膠袋，狼吞虎嚥，一邊瞅着遠去的婦人，幸災樂禍。

那邊，通往水塘路面的獼猴，對於這邊路口的情況懵然不知，缺乏遊客，飢腸轆轆，只顧憤怒叫囂，嚷嚷不休，爬上樹幹猛烈搖晃枝葉，跳上流動廁所使勁敲撼頂蓋，場面一度失控，演變成為派系鬥爭，家族分裂，兄弟鬩牆，翻臉不認人，就像是點燃的火藥，熊熊怒火一發不可收拾，通往水塘的柏油路面霎時成為獼猴戰場，有獼猴耳朵被扯爛，有獼猴臉頰被劃破，有獼猴手腕被扭斷，有獼猴腿股被咬傷，也有獼猴尾巴被拽斷。你追我跑。你打我殺。你死我活。天昏地暗。最後獼猴全然消失於黑暗，無語問蒼天。

○○○

不知道究竟是哪一天，只知道就是一個星期天。雨過天青。

通往水塘的柏油路面，坐着瘸腿而一路走來的獼猴，坐着扭歪胳臂奇形怪狀的獼猴，有沒有尾巴的獼猴，有耳朵殘缺不全的獼猴，有臉上劃着刀疤的獼猴，不約而同，都朝向路口引頸張望。

通往水塘的路口，果然出現人潮，逐步接近。獼猴，迎向人潮，觀顏閱色，笑臉迎人，開始伸手討食。這是一個多麼美好的星期天。

新界九龍　時間：18:40　紅外線熱感應自動相機拍攝

新界九龍　時間：14:45　紅外線熱感應自動相機拍攝

恆河獼猴（*Macaca mulatta*）於新界九龍半島日常活動模式

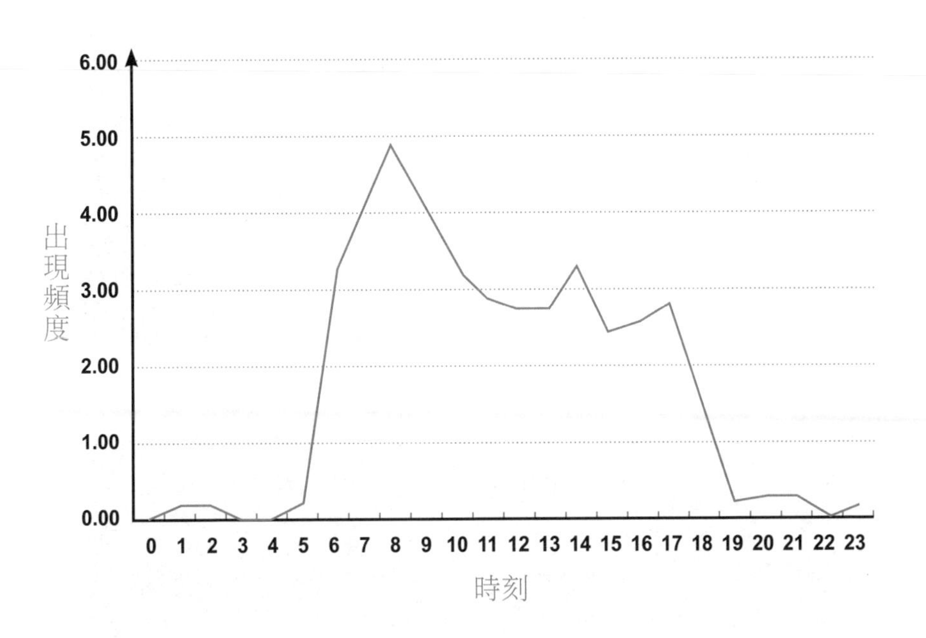

出現頻度 Occurrence Index (OI)

指每一千個相機工作小時內所拍得的動物個體數

$$OI=\frac{\text{所拍得的動物個體數}\times 1000}{\text{該動物出現地區的相機有效工作時數}}$$

新界九龍　時間：13:56　紅外線熱感應自動相機拍攝

新界九龍　時間：08:31　紅外線熱感應自動相機拍攝

新界九龍　時間：14:37　紅外線熱感應自動相機拍攝

新界九龍　時間：18:36　紅外線熱感應自動相機拍攝

新界九龍　時間：11:06　紅外線熱感應自動相機拍攝

新界九龍　時間：11:51(毛色變異)　紅外線熱感應自動相機拍攝

新界九龍　時間：10:33　紅外線熱感應自動相機拍攝

新界九龍　時間：18:16　紅外線熱感應自動相機拍攝

新界九龍　時間：12:38(大雨)　紅外線熱感應自動相機拍攝

新界九龍　時間：10:17(大雨)　紅外線熱感應自動相機拍攝

新界九龍　時間：13:18(大雨)　紅外線熱感應自動相機拍攝

新界九龍　時間：14:42(大雨)　紅外線熱感應自動相機拍攝

新界九龍　時間：01:25(大雨夜行)　紅外線熱感應自動相機拍攝

新界九龍　時間：18:36(受傷)　紅外線熱感應自動相機拍攝

新界九龍　時間：19:17(夜行)　紅外線熱感應自動相機拍攝

新界九龍　時間：20:36(大雨夜行)　紅外線熱感應自動相機拍攝

新界九龍　時間：23:30(夜行)　紅外線熱感應自動相機拍攝

新界九龍　時間：02:35(夜行)　紅外線熱感應自動相機拍攝

新界九龍　時間：21:09(夜行)　紅外線熱感應自動相機拍攝

新界九龍　時間：21:09(夜行)　紅外線熱感應自動相機拍攝

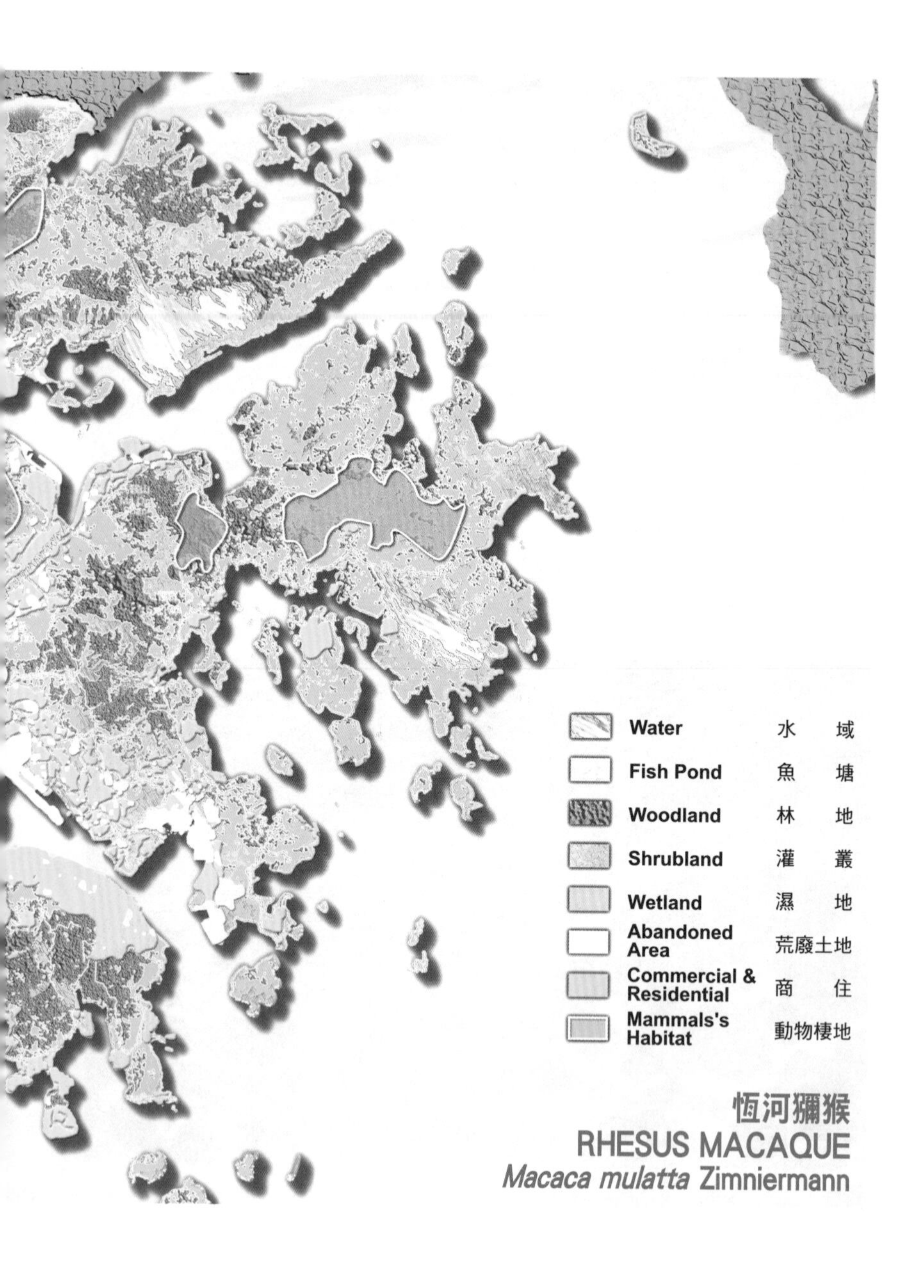

恆河獼猴
RHESUS MACAQUE
Macaca mulatta Zimniermann

這個環境不陌生

赤腹松鼠

RED-BELLIED TREE SQUIRREL

Callosciurus erythraeus Pallas

體重：28－42公克

體長：17－24公分

尾長：20－35公分

肩高：8－10公分

懷孕期：不詳

壽命：9年7個月（圈養）

〇〇〇

踩在枝頭，踏在藤端，赤腹松鼠疾速奔馳，忽上突下，然左或右，活像翻越凌空的雲霄飛車，使勁舞弄，賣力表演，瞬間消失，眨眼又現身，就在樹梢的那頭，就在眾目睽睽之下，牠卻又無影無踪，銷聲匿跡。

那群走在步徑駐足觀望，目不轉睛的登山客，這才如夢初醒，比手畫腳，大吹大擂，沒完沒了，你一句，我一句，就是這樣，開始聒噪數說，對於松鼠大相逕庭的自我論調，各執一詞，爭執不下，粗口相向，幾乎不歡而散。

像這種毫無生態常識，大聲喧嘩，莫名其妙的登山客，比比皆是。赤腹松鼠目不暇給，習以為常，早就見怪不怪：

「唉！這個環境不陌生。」

誰教香港失業率高居不下，一些人情願厚着臉皮申領綜援（註：綜合社會保障援助計劃經濟補助），無所事事，上山打屁。

誰教香港生產成本高居不下，一些人寧可不再支取高俸，甘願接受裁員，就為了要拿一筆長期服務金，無所事事，上山打屁。

誰教香港非典（註：SARS嚴重急性呼吸道症候群）數據高居不下，那些人惟有接受大幅減薪，福利取銷，留職停薪、或放無薪假，百業蕭條，經濟下滑，驚惶失措，慄懼愀愴，意興闌珊，悶悶不樂，無所事事，只好上山打屁了。

只要是登山客經過的步徑，只要是那些肆無忌憚上山打屁的入侵者，所走過的步徑，隨地可見就是鼻涕、濃痰、糞便、尿液、廁紙、衛生棉；隨手丟棄的就是菸蒂、口罩、紙屑、飯盒、膠袋、果皮、保特瓶、啤酒罐。折枝的折枝，摘花的摘花，採藥的採藥，砍樹的砍樹，生氣盈盈的步徑恍如激戰之後的殘垣斷壁。鳥語花香沒有了，蜂飛蝶舞不見了，就連偶爾驚鴻一瞥的哺乳類野生動物也都不再現身步徑了。

「唉！這個環境不陌生。」

入夜的吁氣和嘆息聲，劃破無邊無際的謐靜。

○○○

赤腹松鼠，毛短髭長，尾巴蓬鬆，頭大耳小，眼隆吻短，門齒鋒利，掌蹠裸露，尾長大於體長，兩對乳頭位於腹部和鼠蹊部。

赤腹松鼠，毛基灰黑，毛端黑黃，毛色含混，外觀形似橄欖色。

赤腹松鼠，耳緣鮮黃，下頦青灰，眼眶淡紅，四足烏黑。肢腹內側整片橙紅、或中分左右兩片橙紅顏色。體背後段飾有大塊黑斑，尾部則出現不明顯黑黃環紋。

赤腹松鼠，就是憑這身難以形容的外表，匿藏樹林，若隱若現，神出鬼沒。

〇〇〇

赤腹松鼠，俗稱鼬鼠，雀鼠，鼩鼠，皺鼠，膨鼠，大尾鼠，刁林子，烏眼眶，紅胸松鼠，紅腹松鼠，赤腹麗松鼠。英文叫做 Red-bellied Tree Squirrel、或稱 Belly-banded Tree Squirrel。

赤腹松鼠，棲息於亞洲的哺乳類野生動物，分類成囓齒目／松鼠亞目／松鼠超科／松鼠科／亞洲松鼠族／麗松鼠屬物種。目前已知有六個亞種。發現地區包括泰國，緬甸，越南，馬來西亞，中國西藏、陝西、四川、江蘇、浙江、湖北、湖南、廣西、廣東、福建、海南島、香港，臺灣，日本(1933年臺灣引進種)。

赤腹松鼠，經濟意義不大，尚能普遍分布。

○○○

赤腹松鼠，有據可考，捕捉容易，觀察困難度不高，故不乏研究報告。

國內國外都有品頭論足的赤腹松鼠文獻，現在摘錄於後，提供參考：

赤腹松鼠，學名 *Callosciurus*，意指美麗的松鼠 Beautiful Squirrel。(Grzimek's Encyclopedia of Mammals, 1976)

赤腹松鼠，活動灌叢、花園、農場附近。(Grzimek´s Encyclopedia of Mammals, 1976)

赤腹松鼠，主食果實，一般也吃食計有五十種以上的昆蟲小動物。(Grzimek´s Encyclopedia of Mammals, 1976)

赤腹松鼠，亦可發現於海拔一千公尺高山森林。(Medway, 1969)

赤腹松鼠，獨居、或以小家庭形式棲息。(Mammals of Thailand, 1977)

赤腹松鼠，於高樹枝頭以嫩枝築巢。(Mammals of Thailand, 1977)

赤腹松鼠，胃部解剖發現有相當比例的昆蟲殘遺肢體。(Medway, 1969)

赤腹松鼠，前足裸掌，有二個掌墊，四個指墊。後足踵被毛，蹠裸，五個指墊。乳頭二對，位於腹部和鼠蹊部。(中國經濟動物，1964)

赤腹松鼠，偏好在栗樹、桃樹、李樹、荔枝樹、龍眼樹、枇杷樹，或油杉、榕樹、相思樹活動，亦出現山崖、灌木林、草生地。(林華英，1957)

赤腹松鼠，多築巢於喬木樹枝、或藤本植物纏繞喬木密集枝椏、或馬尾松枝叉之間、或利用鳥巢改建、或利用山區村屋房簷棲息、或在山崖石縫築巢。(中國經濟動物，1964)

赤腹松鼠，吃食榕果、倪藤果、密心果、山薑子、山荔枝、野芭蕉、牛奶果、

松果、栗子、榛子、禾草、昆蟲、雛鳥、鳥蛋。吃食呈直坐狀，以前足送食入口。（林華英，1957）

赤腹松鼠，常於黃昏活動，雨過天晴活動頻繁，多在樹間出沒，極少出現地面，活動會有固定路線，動作迅速。棲息地勢較高，一般活動時間較晚。（中國經濟動物，1964）

赤腹松鼠，繁殖期在三月至八月，每胎生育一至三隻。（中國經濟動物，1964）

赤腹松鼠，天敵是野貓、靈貓科等樹棲小型食肉動物。（中國經濟動物，1964）

赤腹松鼠，毛皮在二百平方公分以上稱之上品，尾毛在二點五公分長度以上可製毛筆。（中國經濟動物，1964）

赤腹松鼠，繁殖期在三月至十月，胎產一至五仔。（中國脊椎動物，2000）

赤腹松鼠，棲息山區林地，包括闊葉林和針葉林，以植物果實、種子、嫩葉作為主食。（中國脊椎動物，2000）

赤腹松鼠，棲息熱帶森林、次生林、灌叢、農田附近，以嫩葉、果實為生，農作物成熟季節則大舉遷徙田間，取食玉米、雜糧等作物。（四川獸類，1999）

赤腹松鼠，終日活動，晨昏為甚，樹居為主。繁殖期在三月至十月，每胎二至三仔。（四川獸類，1999）

赤腹松鼠，樹棲，白晝活動，主食野果，亦食鳥卵、昆蟲。（廣東野生動物，1970）

赤腹松鼠，已能適應人為開發之後環境，於都市綠地、公園、果園經常可見。（臺灣哺乳動物，1998）

赤腹松鼠，適應力強，從平地至海拔三千公尺山區均有踪跡可尋，也是最容易看見的松鼠。（臺灣哺乳動物，1998）

赤腹松鼠，築巢於高樹或竹頂，用葉片、細枝結成直徑五十公分橢圓外層，再以棕櫚皮、或柳杉皮、或芒花等材料編織內層，造成約十五公分直徑空間，供休息或生產之用。（臺灣哺乳動物，1998）

赤腹松鼠，通常不只築一個巢穴，也不一定每天回巢，以收欺敵之效。（臺灣哺乳動物，1998）

赤腹松鼠，繁殖季節，經常聽見雄松鼠發出單一持續鳴叫，吸引雌性、或藉以劃分勢力範圍。（臺南縣哺乳動物，1998）

赤腹松鼠，喜食堅果，並以植物種籽、果實、樹葉、嫩芽、花朵為食。（臺南縣哺乳動物，1998）

○○○

六十年代出版的「中國經濟動物」，現在亦摘錄於後，提供參考：

「赤腹松鼠，南方各地人民愛吃其肉。」

「赤腹松鼠，獵取法有槍擊、弩弓、套子，用一般鼠籠縛在樹上亦能捕得。」

臺灣，山區一些原住民亦喜食赤腹松鼠，更以赤腹松鼠代替鼯鼠，進行山產野味交易。據稱，赤腹松鼠滾湯，其味鮮美，乃老饕珍饈。

松鼠，中國古書亦有描述，但是否取其肉而食之，則未見津津樂道。

古人文獻提及松鼠記載，現在摘錄如下，提供參考：

《爾雅》釋獸，鼫鼠，形大如鼠，頭似兔，尾有毛，青黃色，喜好在田中食粟豆，關西呼為鼩鼠，見廣雅。

《爾雅》許慎云，鼫鼠五技，能飛不能上屋，能游不能渡谷，能緣不能窮木，能走不能先人，能穴不能覆身，此之謂五技。

《爾雅》陸璣疏云，今河東有大鼠，能人立，交前兩腳於頸上跳舞，善鳴，食人禾苗，人逐則走入林空中，亦有五技，或謂之雀鼠。

《埤雅》說文曰，鼫鼠，兔首，似鼠而大，能人立，交前兩足而舞，害稼者，一名雀鼠。

《本草綱目》李時珍曰，鼫鼠處處有之，居土穴樹孔中，形大於鼠，頭似兔，尾有毛，青黃色，善鳴，能人立，交前兩足而舞，好食粟豆，與鼢鼠俱為田害，鼢小居田而鼫大居山也。

《本草綱目》范成大云，賓州鼫鼠專食山豆根，土人取其腹，乾之入藥，名鼫鼠肚。

《本草綱目》李時珍曰，鼫鼠主治，咽喉痺痛，一切熱氣，研末含嚥，神效出虞衡志。

〇〇〇

松鼠，在香港一直被認為是寵物野放。

松鼠，在香港一直被認定是自泰國引進的黃足松鼠 Belly-banded Squirrel。

松鼠，在香港一直被人蓄意忽略。

松鼠，在香港一直被相提並論於野放黃牛、野放水牛、流浪狗、流浪貓，不予置評。

八十年代香港政府出版的「香港動物」Hong Kong Animal，現在亦摘錄於後，提供參考：

「麗松鼠是香港動物區系的新來客，新近才假定可能是從東南亞輸入的動物中逃逸或放生出來的。香港樹棲松鼠原有一個完全空白的生態小生境，但很快便讓牠們利用上了。在本港黃足松鼠似已被鑑定了。」

模稜兩可的敘述，不置可否的用詞，香港赤腹松鼠幾乎蓋棺定論，被打成黃足松鼠。黃足松鼠，是不是因為足呈黃色得名，則不得而知。

香港政府出版的「香港動物」，以為黃足松鼠即腹環松鼠，是不是又因為松鼠腹部有環紋而得名，無從得知。

七十年代，龐松博士 Dr. Boonsong Lekagul 撰寫出版的「泰國哺乳動物」Mammals of Thailand，描述泰國的黃足松鼠 Belly-banded Squirrel 特徵，並沒有提及黃足松鼠具備黃足或出現腹環。由此推論，當年香港哺乳類野生動物調查仍止於紙上談兵，僅限於沙盤推演，缺乏實地調查和實際探索行動。

其實，當年的條紋松鼠 Belly-banded Squirrel 和赤腹松鼠 Red-bellied Tree Squirrel 特徵描述幾乎一致，繪聲繪影。「泰國哺乳動物」果斷標記條紋松鼠分布範圍包括華南與臺灣。六十年代發表的「中國經濟動物」也早就清楚標記赤腹松鼠分布範圍包括中南半島泰國。孰是孰非，撲朔迷離。（註：九十年代物種釐清之後，黃足松鼠的英文叫做 Yellew-handed Squirrel，赤腹松鼠的英文叫做 Red-bellied Tree

Squirrel。)

○ ○ ○

喋喋不休，條紋松鼠Vs赤腹松鼠，就和大多數囓齒目動物雷同，於近幾十年分類觀點來看，彷彿進入戰國時期，恍如百家爭鳴。

一九九二年，牛津大學出版「東南亞地區哺乳動物：分類評論」The Mammals of the Indomalayan Region: A Systematic Review，小心翼翼，才將摩爾博士、以及泰特博士 Dr. Moore & Tate 的發表 (1965) 重新提出來討論，一致認為條紋松鼠應該歸納為赤腹松鼠，學名 *C.erythraeus*(as *C.flavimanus*)。

一九九三年，威爾遜博士 Dr. Don E. Wilson 和李德博士 Dee Ann M. Reeder 編輯出版「世界哺乳動物物種名錄－分類與分布參考」Mammal Species of the World – A Taxonomic and Geographic Reference，終於正式取銷條紋松鼠、學名 *C.flavimanus*(I.

Geoffroy 1831)，並且將向來具爭議的松鼠，正名為赤腹松鼠、學名 *C.erythraeus*。

松鼠戰爭，正式落幕。

松鼠在香港，一直被認為是寵物野放，現在就有理由提出來質疑。

赤腹松鼠，在香港理應平反，並且應該被正式納入香港本土哺乳類野生動物名錄。

○○○

赤腹松鼠，典型樹棲型哺乳動物。野生動物保護基金會的兩百部架設樹幹監控地面獸徑的紅外線熱感應自動相機設備，對於追踪赤腹松鼠，作用不大，故赤腹松鼠在香港的分布，目前並不清楚。

野生動物保護基金會，於二〇〇〇年九月開始調查香港哺乳類野生動物。截至二

○○三年四月止，由安裝在山頭森林二百部紅外線熱感應自動相機，拍攝赤腹松鼠資料僅有十六筆。計香港本島十五筆，九龍新界半島一筆。大嶼山離島至今尚無發現記錄。

關於野生動物保護基金會記錄赤腹松鼠資料，現在節錄於後，提供參考：

一、香港本島

赤腹松鼠，於白晝開始活動最早時間二筆。06:58, 07:05。

赤腹松鼠，於黃昏結束活動最遲時間一筆。17:07。

赤腹松鼠，於入夜夜行活動最早時間三筆。18:14, 18:15, 19:10。

赤腹松鼠，全日活動高峰時刻兩段。06:00 – 09:00 六筆，10:00 – 11:00 二筆。

赤腹松鼠，無置身風雨出巡覓食記錄。

二、新界九龍半島

赤腹松鼠，於東北區域至今無任何發現記錄。

赤腹松鼠，於中西區域白晝開始活動最早時間一筆。06:59。
赤腹松鼠，於中西區域黃昏結束活動最遲時間一筆。15:44。
赤腹松鼠，於中西區域僅有記錄一筆。06:59。
赤腹松鼠，於中西區域無置身風雨出巡覓食記錄。

赤腹松鼠，於東南區域尚無發現記錄。

赤腹松鼠，於西北米埔區域並無發現記錄。

三、大嶼山離島
赤腹松鼠，至今在大嶼山離島沒有任何發現記錄。

〇〇〇

懸在葉梢，浮在荊尖，赤腹松鼠猶似騰雲駕霧，一去不返，留下盡是昨夜溝鼠上樹下地，無處不在的陣陣惡臭。赤腹松鼠，一眼觀三，一溜煙，風馳電掣，電光石火，已經不見踪影，牠不屑一顧枝頭那條守株待兔，粗如棒槌的眼鏡蛇。蛇，卻全都看在眼裡，但又一臉無奈。

松鼠調頭飛奔，不知去向。
蛇一股腦盤繞，無可奈何。
這個環境不陌生，這樣的相逢不意外。

枝頭萌芽簇簇。
樹冠花朵纍纍。
幹，日益茁壯。
莖，日漸粗健。
藤，順勢蜿蜒竄爬。
荊，糾纏不清。
樹與樹，遮成一片天，不知不覺。
藤與藤，織成天羅地網，不分彼此。

天然屏障，隔絕不倫不類的登山新人類。

一道又一道灌叢，阻礙了不可理喻的登山失業客。

赤腹松鼠，停下腳步，東張西望，卻已經不知身在何處。

〇〇〇

不知道這是一件好事，還是一件壞事。

樹冠層的枝幹縛着老鼠籠。籠裡鈎着新鮮的蘋果，一邊角落擺放一根半生熟的香蕉，籠底又抹上香傳十里香噴噴的香蕉油。這是調查赤腹松鼠出沒的一種手段，樹冠層的老鼠籠為的就是想要逮住赤腹松鼠的。檢視測量質和染色體比對，正是研究赤腹松鼠最終的目的。

夜幕低垂，萬籟俱寂。溝鼠，躡手躡腳，爬上走下，兵分多路，摸黑前進，晃動嘴邊的長髭，吐納樹頂傳來的陣陣罕有的水果飄香，一股腦地分別鑽進位置不一的老鼠籠，吃起香蕉，又啃起蘋果。老鼠籠裡的鐵鈎紛紛觸動機關，「砰！」的一聲，鼠籠的門應聲關閉。溝鼠，逐一成為籠中囚，都得待在籠裡，等待黎明的判決。

○○○

不知道這是一件好事，還是一件壞事。

樹冠層枝幹老鼠籠裡的溝鼠全都放走了。這只是研究赤腹松鼠出沒的手段，樹冠層的老鼠籠為的就是要逮住赤腹松鼠的。籠頂重新鈎起新鮮的蘋果，角落再度擺放半生熟的香蕉，籠底不厭其煩又抹上一層香傳十里香噴噴的香蕉油。

那邊，赤腹松鼠，搔嘴弄鼻，嗅着新奇的水果芬芳，毅然決然，逕朝樹冠層縛着老鼠籠的枝幹舊地重遊。那可是香甜的香蕉和誘人的紅蘋果，赤腹松鼠卻懵然不知已經自投羅網，只好待在籠裡等候黃昏，團團轉。

這邊，粗如棒槌的眼鏡蛇，肚子居然被結結實實夾在老鼠籠的邊緣，垂頭喪氣，懸空高掛，想來必已氣絕多時。蛇，嗅着遺留的溝鼠臭味，朝樹冠層縛着的老鼠籠貪婪移去，就在老鼠籠裡繞行一圈的同時，肚子碰撞蘋果，誤觸機關，頭尾在外，肚子卡在門縫，力不從心，結果一命休矣。

赤腹松鼠看在眼裡，百思不解，為什麼蘋果對蛇會有這麼致命的吸引力。直到有人爬上樹幹，把牠帶回實驗室。

赤腹松鼠(*Callosciurus erythraeus*)
於香港本島日常活動模式

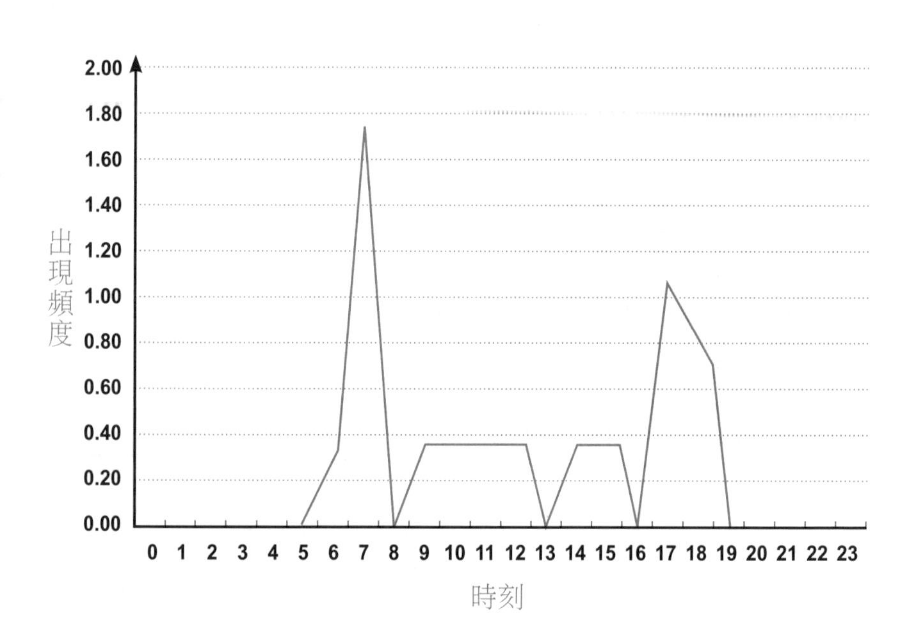

出現頻度 Occurrence Index (OI)

指每一千個相機工作小時內所拍得的動物個體數

$$OI=\frac{\text{所拍得的動物個體數} \times 1000}{\text{該動物出現地區的相機有效工作時數}}$$

赤腹松鼠(*Callosciurus erytbraeus*)於新界九龍半島日常活動模式

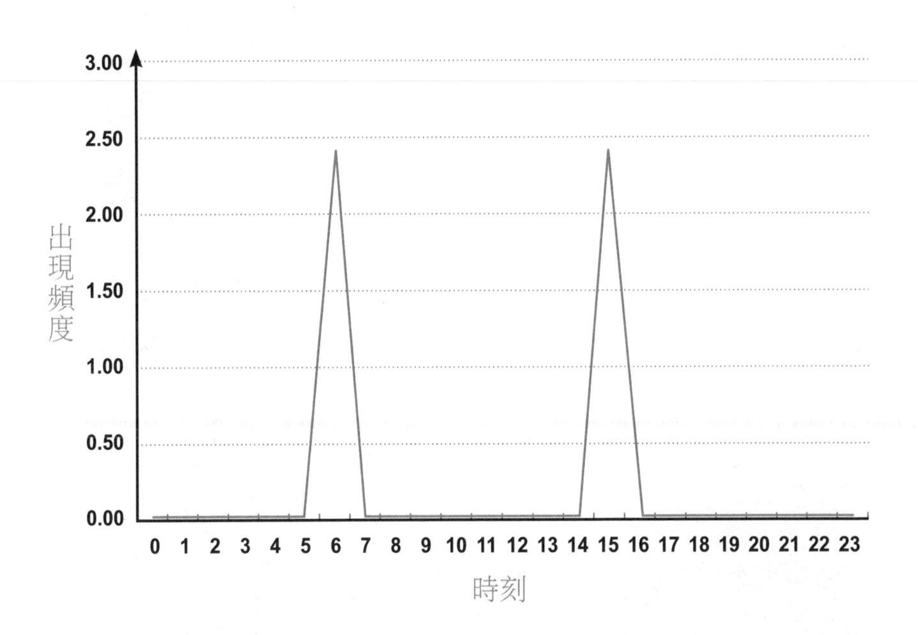

出現頻度 Occurrence Index (OI)

指每一千個相機工作小時內所拍得的動物個體數

$$OI=\frac{\text{所拍得的動物個體數} \times 1000}{\text{該動物出現地區的相機有效工作時數}}$$

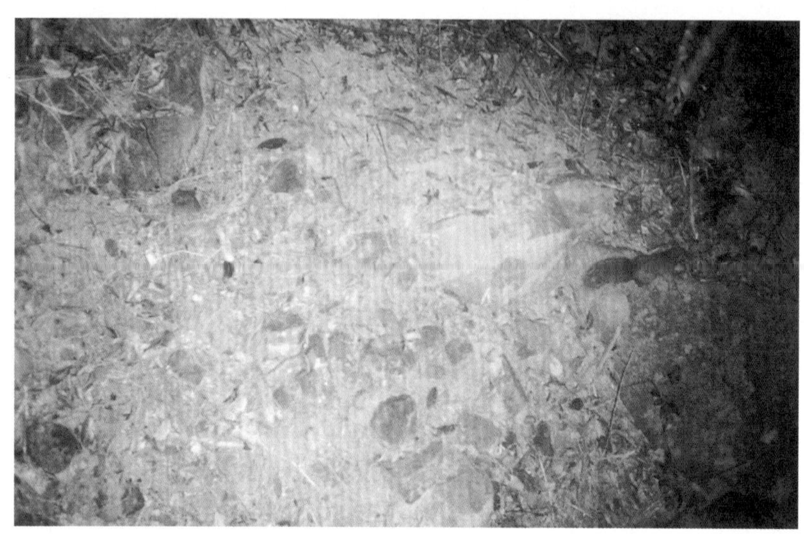

香港本島　時間：17:09　紅外線熱感應自動相機拍攝

香港本島　時間：07:56　紅外線熱感應自動相機拍攝

香港本島　時間：17:07　紅外線熱感應自動相機拍攝

香港本島　時間：07:37　紅外線熱感應自動相機拍攝

香港本島　時間：07:46　紅外線熱感應自動相機拍攝

香港本島　時間：10:25　紅外線熱感應自動相機拍攝

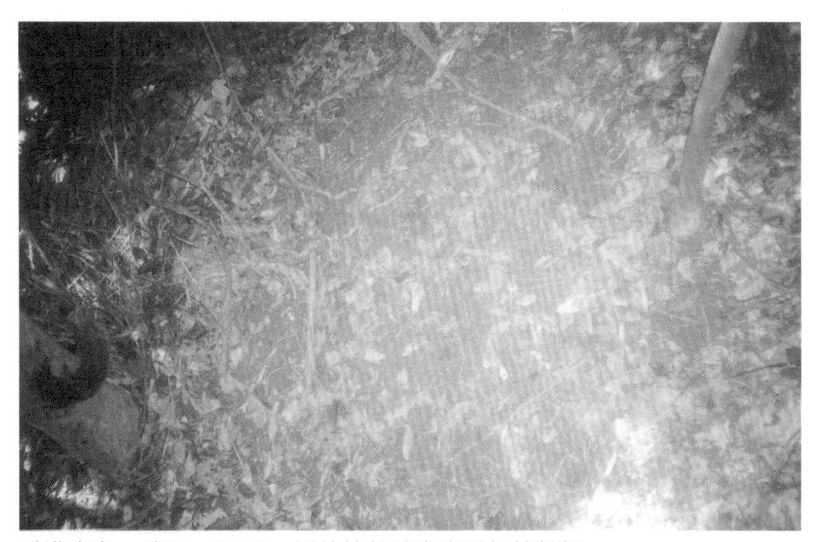

香港本島　時間：14:10　紅外線熱感應自動相機拍攝

香港本島　時間：07:05　紅外線熱感應自動相機拍攝

新界九龍　時間：15:44　紅外線熱感應自動相機拍攝

香港本島　時間：14:30　紅外線熱感應自動相機拍攝

香港本島　時間：11:16　紅外線熱感應自動相機拍攝

香港本島　時間：15:27　紅外線熱感應自動相機拍攝

香港本島　時間：17:59　紅外線熱感應自動相機拍攝

香港本島　時間：07:46　紅外線熱感應自動相機拍攝

香港本島　時間：09:02　紅外線熱感應自動相機拍攝

新界九龍　時間：06:58　紅外線熱感應自動相機拍攝

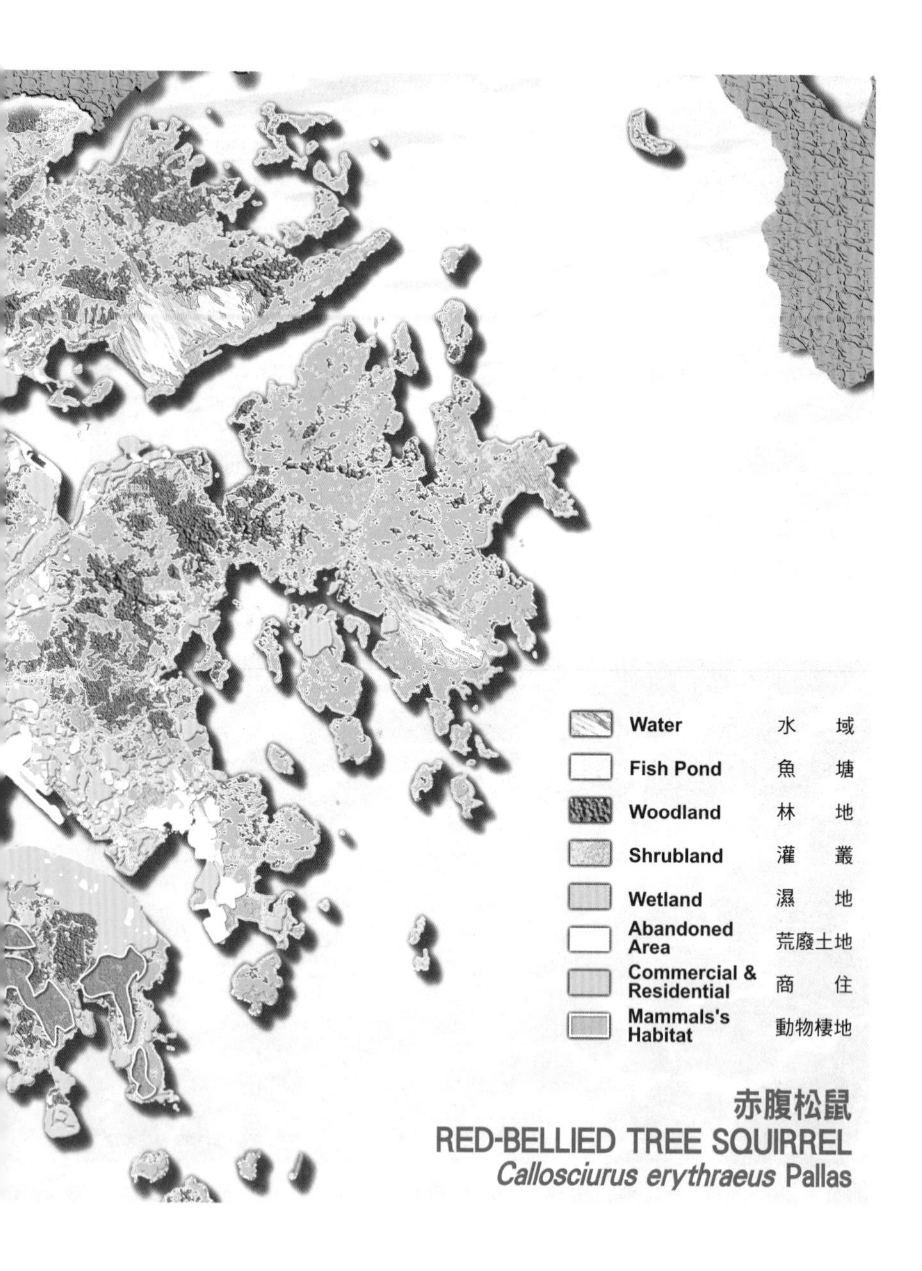

赤腹松鼠
RED-BELLIED TREE SQUIRREL
Callosciurus erythraeus Pallas

踩着土堤走進黑暗裡

水獺

EURASIAN OTTER

Lutra lutra Linnaeus

體重：3.5－8.5公斤

體長：60－80公分

尾長：37－48公分

懷孕期：2個月

壽命：15年

○
○
○

這可是熱鬧的景象。

夕陽餘暉，晚霞暈紅。
天空飛着成群雁鴨。
枝頭蹲着成堆鸕鶿。
魚塭立着成列琵鷺
就連土堤，也站滿大小白鷺。
鴴鷸自得其樂，忽起忽落，四散周圍。
米埔基圍，那可是一幅幅生動的圖畫。
偶爾幾聲蒼鷺聒噪，劃破長空。

水獺仰臥泥洞裡，這才瞇着眼睛翻了翻身：
「春眠不覺曉，處處聞啼鳥。夜晚就是大白天。又是應該起來走動，應該出去吃喝玩樂的時候了。」

夜闌人靜。蛙唱蟲鳴。水獺走在土堤，施施然。

「噗嗵！」一聲。
牠決定滑進魚塭。
黑不溜啾的魚塭，這可真是滿堂珍饈佳餚的餐廳呀。
米埔基圍的水獺，悠閒自在，安居樂業，吃香喝辣。

〇〇〇

扁頭，短吻，小眼，圓耳。
唇白，鼻黑，眼褐，頰黃。
身如滾桶，尾似棍棒。
四肢粗短，趾指俱蹼。
背脊棕啡，腹肚花白，胸喉淡白，鬍硬毛長。
水獺全身光鮮亮麗。

○○○

水獺，裸露鼻墊上緣呈英文字母W形狀。全名歐亞水獺。俗稱獺貓，扁子，水貓，水狗，獺子，獺貓子，水貓子，魚貓子，水扁子。英文叫做 Earasian Otter，又名 Common Otter。

水獺，活動北非、歐洲、亞洲大多數地區，分類成食肉目／裂腳亞目／熊形超科／鼬科／水獺亞科／水獺屬物種。目前已知有五個亞種。亞洲出現地方包括泰國，越南，印尼，蘇門答臘，中國黑龍江、吉林、江蘇、浙江、甘肅、陝西、四川、雲南、廣西、廣東、福建、海南島、香港。

中國大陸，獺皮價值不菲，獺肝又是中醫入藥貴重藥材，水獺常年遭人獵殺。水獺，目前已經是中國大陸易危物種。

瀕危動植物國際貿易公約 CITES 把水獺列入附錄I。

中國政府也將水獺列為國家重點保護野生動物名錄II。

水獺，曾經棲息資源豐富的溪川江河，現在已經罕見其蹤跡。

○○○

水獺，夜行，移動領域寬廣，水下活動頻繁，行為觀察不易。能夠收集的野生水獺文獻有限，現在摘錄於後，提供參考：

水獺，主食魚類，亦吃蟹類、甲殼類、蛙類、鼠類、水禽。(Mammals of Thailand, 1977)

水獺，棲息山澗、湖泊，最高棲息記錄是活動於喜馬拉亞山區，海拔三六六〇公尺高山湖泊。(Mammals of Thailand, 1977)

水獺，能夠在陸地廣泛移動，可以從一條溪流進駐另外一條不同溪流。(Mammals of Thailand, 1977)

水獺，會集體圍捕魚群，將魚趕至淺水區域，再進行分食。(Prater, 1971)

水獺，吃魚，曾經有專挑老弱殘疾吃食的記錄。(Fitter, 1964)

水獺，大量吃食蛙類。(Mammals of Thailand, 1977)

水獺，活動河流、湖泊、溪澗，經常出沒水流緩和、水生植物稀少、魚群較多、透明度較大的水下環境。(中國經濟動物，1964)

水獺，在水邊樹根、土墩、蘆葦、灌叢、泥地，掘穴而居，擁有多個出口，其中還會有一個洞口通往水下。(中國經濟動物，1964)

水獺，有利用天然洞穴、或以石縫棲息記錄，巢穴附近容易發現凌亂魚骨，洞穴經常散發腐肉臭味。(中國經濟動物，1964)

水獺，以家庭模式聚居，成員包括雌雄個體、剛成年個體、未成年幼體。(中國經濟動物，1964)

水獺，多潛入水下覓食，並將獵物拖出水面進食。(中國經濟動物，1964)

水獺，亦捕食陸地小型哺乳類動物進食。(中國經濟動物，1964)

水獺，糞便顏色黝黑，內含魚骨。(東北獸類調查，1958)

水獺，夜行，海南島山澗偶有清晨活動記錄，雲南曾經有中午橫越田埂記錄。(中國經濟動物，1964)

水獺，每年可生產二次，並無固定繁殖季節。(崔占平，1959)

水獺，求偶，大聲嘶叫追逐，在水下進行交配。（中國經濟動物，1964）

水獺，懷孕期五十五天至五十七天，每胎一至四隻，初生幼仔閉眼，三十天可完全開眼。（中國經濟動物，1964）

水獺，幼仔於出生兩個月之後，即可爬伏母體背部，叼住母體頭部，隨母獺下水練習游泳，並於七天內學會水下獵食，三個月獨立。（中國經濟動物，1964）

水獺，半水棲，通常獨棲，晝伏夜出，月光會令其活動更加頻繁。（中國脊椎動物，2000）

水獺，以魚類為主食，兼吃蟹、蛙、蛇、鳥、小型哺乳動物。（中國脊椎動物，2000）

水獺，棲息江、河、湖、池等岸邊，甚至棲息稻田。（四川獸類，1999）

水獺，善潛水，耳鼻可藉圓瓣、或肉突，隨意封閉防水。（四川獸類，1999）

水獺，棲息江河、湖泊、溪澗、池塘、魚塭、低窪水地、沼澤濕地、沿海鹹淡水交界區、近海島嶼等地。（中國獸類踪跡，2000）

水獺，主食魚、蟹、蛙、蛇、水禽、小獸、昆蟲，兼食少量水草和蔬菜。（中國獸類踪跡，2001）

水獺，出沒河流、湖泊、水庫、山澗、海邊、沿海島嶼，白天棲息洞穴，黃昏

外出活動，多獨棲，密度低。（中國野生哺乳動物，1999）

水獺，沒有強烈領域意識，分布重疊，種群穩定，雄獺之間不會發生打鬥。（中國毛皮獸，1990）

水獺，有儲食習慣。（中國毛皮獸，1990）

水獺，潛水獵食，前肢貼胸，後肢蹬水，以身體和尾巴作波浪形上下起伏推進，可閉氣六至八分鐘。（臺灣哺乳動物，1998）

水獺，巢穴備有主室、出入口、通氣孔，通往水下通道可長達數公尺，向上通往地面通道可作通氣，主室內部寬敞，常鋪置乾草或細枝。（臺灣哺乳動物，1998）

水獺，如生活山澗，會沿水流巡迴覓食，領域較大。如生活湖沼，則循固定路徑下水獵食，領域較小。如生活沿海鹹淡水交界區域，就有機會下海捕魚，回程會以淡水洗去沾在毛皮鹽分，回穴休息。（臺灣哺乳動物，1998）

水獺，傍水而棲，家族穴居，隨食源多寡而遷徙，秋冬夜晚叫聲尖長淒厲，迷信者以水鬼稱之。（廣東野生動物，1970）

水獺，經中國大陸列為二級國家重點保護野生動物，CITES 列入附錄 I。（中國瀕危動物紅皮書，1998）

水獺，晝夜活動，人口較為稠密區域偏於夜行。（Wild Mammals of Hong Kong,

1967)

水獺，棲息河堤附近，曾經有出沒山澗和海邊記錄。(Wild Mammals of Hong Kong, 1967)

水獺，有在河流出海河口覓食記錄，日夜可見。(Wild Mammals of Hong Kong, 1967)

水獺，因非法獵殺，三年前已極難發現踪跡。(Wild Mammals of Hong Kong, 1967)

水獺，分布稀薄，甚至將近滅絕。(Hong Kong Animal, 1982)

○○○

古人看水獺，將水獺靈性化。

古人觀水獺行為，把水獺行為儀式化。

古人文獻提及水獺記載，無奇不有，現在摘錄如下，提供參考：

《禮記》，孟春之月，獺祭魚。

《汲塚周書》，雨水之日，獺祭魚，獺不祭魚，甲冑私藏。

《大戴禮記》，正月，獺祭魚，其必與之獻，何也，曰非其類也，祭也者得多也，善其祭而後食之十月，豺祭獸，謂之祭，獺祭魚，謂之獻，何也，豺祭其類，獺祭非其類，故謂之獻，大之也。

《禮記》，王制，獺祭魚，然後虞人入澤梁。

《文子上仁篇》，先王之法，獺未祭，魚網罟不得入於水。

《發蒙記》，獺以猿為婦。

《田家雜占春秋》，獺祭魚，忽有人拾得其遺殘者，食之大吉。

《田家雜占春秋》，獺窟近水主旱，登岸主水，有驗。

《獸經》，獺祭以魚其陳也，圓春漁候也。

《本草圖經》云，江湖間多有之，北土人亦馴養以為翫。

《廣雅》曰，一名水狗，然有兩種，有猵獺形，大頭如馬，身似蝙蝠。

《埤雅》，獺獸，西方白虎之屬，似狐而小，青黑色，膚如伏翼，水居，食魚。

《孟子》，所謂淵毆魚者獺也，亦自祭。

《淮南子》曰，鵲巢知風之，自獺穴知水之高下，言歲多風，則鵲作巢卑水之所及，則獱獺移穴，其預知有如此也。

《爾雅翼》，獺如小狗，水居，食魚，率以正月取魚於水塘四面陳之，謂之祭魚，獺不祭魚，國多盜賊。

《蘇頌》曰，江湖多有之，四足俱短，頭與身尾皆褊，毛色若故紫帛，大者身與尾長三尺餘，食魚，居水中，亦休木上嘗縻，置大水甕中，在內旋轉如風，水皆成旋渦，西戎以其皮飾毳服領袖，云垢不著染，如風霾翳目，但就拭之即去也。

〇〇〇

古人，以獺入藥，時有所聞。骨，肝，腎，胆，髓，足，毛皮，糞屎，均有療效記載。

古代，獺卻不是獵殺的重點物種。

近代，不然，獺皮難求，價格居高不下，獺肝也成為渴求的昂貴藥材。

五十年代，獺皮在中國大陸，每年收購數量一萬張。

六十年代，獺皮在中國大陸，每年收購數量也是一萬張。

獵獺者，老練地運用鈎簾捕獺。大小水獺，無一倖免。
水獺，相繼滅絕。
水獺，資源銳減。
七八十年代，獺皮在中國大陸，每年收購數量已經劇降至一千張。
水獺，成為珍稀動物，成為易危物種。

〇 〇 〇

野生動物保護基金會，於二〇〇〇年九月開始調查香港哺乳類野生動物。並於二〇〇一年一月起，在米埔自然保護區，架設十部紅外線熱感應自動相機，展開相同性質調查。十八個月時間，有關水獺拍攝記錄寥寥無幾，然而僅有的拍攝資料，足以假設半水棲性水獺在香港活動大致情況。

二〇〇〇年九月至二〇〇三年四月止，米埔自然保護區水獺記錄資料十四筆。水獺記錄地點僅限於米埔自然保護區。

關於野生動物保護基金會記錄水獺資料，現在節錄於後，提供參考：

一、香港本島

水獺，至今在香港本島沒有任何發現記錄。

二、新界九龍半島

水獺，至今僅於西北米埔區域有發現記錄。

水獺，於夜晚陸地最早活動時間二筆。21:01, 21:26。

水獺，於黎明陸地最遲結束活動時間一筆。04:17。

水獺，於夜晚陸地活動高峰時刻十筆。21:00 – 01:00。

水獺，於夜晚陸地置身風雨出巡覓食記錄二筆。

水獺，於夜晚陸地下水記錄一筆。

水獺，於夜晚登岸陸地進行砂浴記錄三筆。

水獺，於夜晚登岸陸地進行砂浴十五分鐘全程記錄一筆。
水獺，於陸地白晝露臉記錄二筆。06:03, 07:37。
水獺，於新界西北米埔區域成為易危物種。

三、大嶼山離島
水獺，在大嶼山離島沒有任何發現記錄。

○○○

水獺，僥倖依然存活米埔自然保護區。（有拍攝資料可查）
水獺，僥倖呈小族群，稀薄分散米埔至皇崗之間魚塭和泥溝。（有其它記錄可尋）
水獺，僥倖來回活動於新界西北基圍和魚塘。
水獺，好景不常，基於新界西北道路網全面施工，大禍臨頭。
水獺，好景不常，基於新界西北住宅區全面擴建，大禍臨頭。
水獺，好景不常，基於新界西北集散地全面增設，大禍臨頭。

水獺，在香港顯然面對人為因素，於僅存狹窄空間趨向滅絕。

「獺不祭魚，國多盜賊。」

水獺滅絕的預測，可能正在敲響驚世喪鐘。

肆無忌憚，缺乏配套，盲目發展，果真就要摧毀一條好不容易才保存下來的生態廊道，那是一條幾乎快要步入歷史陳跡，根本已經是狹窄得不能再狹窄的——新界深圳生態廊道。

○○○

切實是寂寥的景致。

月牙高掛，寒星微爍。

枝頭蹲臥成堆呼呼大睡的鸕鶿。

魚塭豎立成列進入夢鄉的琵鷺。

紅樹林，站滿一動也不動，恍如冬眠的大小白鷺。

水獺樂得孤僻，大魚大肉。牠鑽出水面，爬上土堤，挺了挺方才吃撐的肚皮，一屁股摔進樹下那塊熟悉的砂地，左擰右拽地磨蹭起來。

砂地，唰唰作響。

水獺，自得其樂。

半空揮舞着幾隻落單的蝙蝠。

周圍迎面撲來一群又一群不知名的蚊蟲。

抖乾毛皮，踱步土堤，走進黑暗裡，水獺決定打道回府，很滿足。

那是急促的腳步，聲音説來就來。

野狗橫鼻子豎眼，驟然停下腳步，猛然吸嗅砂地，露出一副猙獰的邪笑，彼此互使貪婪的眼色。

「今夜又有肥美的獺肉可吃了。」

野狗淌着口水，饑腸轆轆，也踩着土堤，消失在黑暗裡。

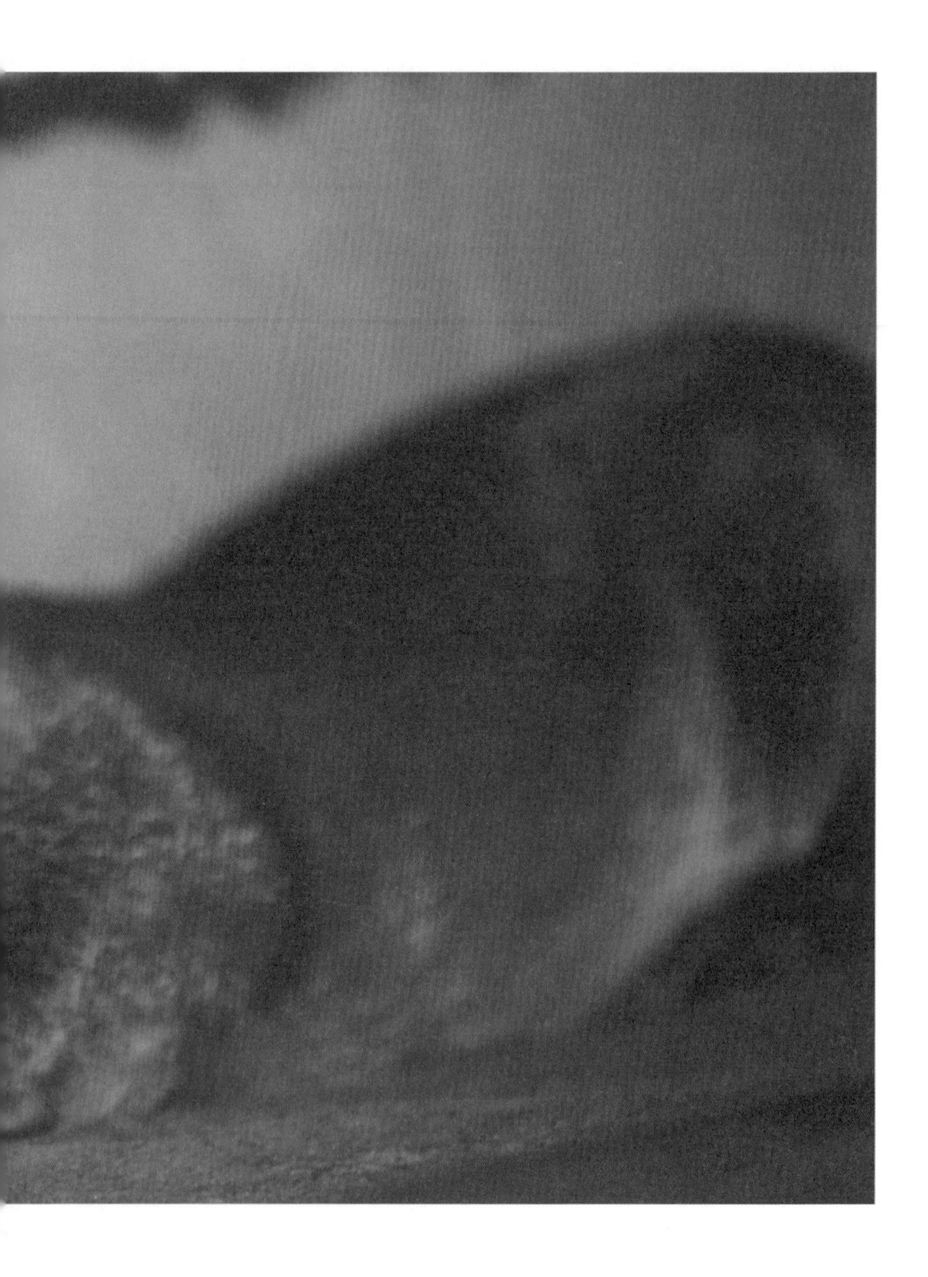

水獺(*Lutra lutra*)
於新界西北米埔區域日常活動模式

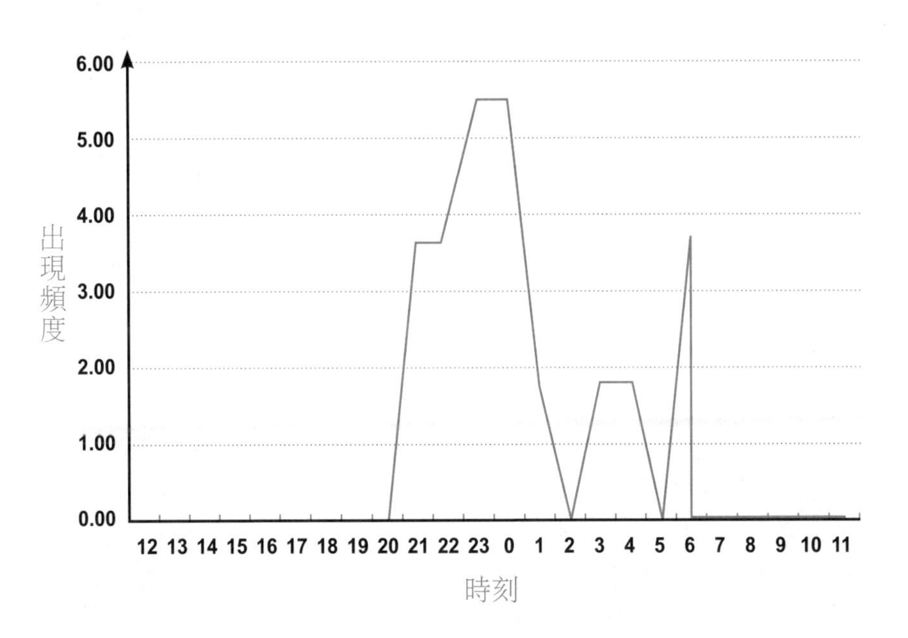

出現頻度 Occurrence Index (OI)

指每一千個相機工作小時內所拍得的動物個體數

$$\text{OI}=\frac{\text{所拍得的動物個體數} \times 1000}{\text{該動物出現地區的相機有效工作時數}}$$

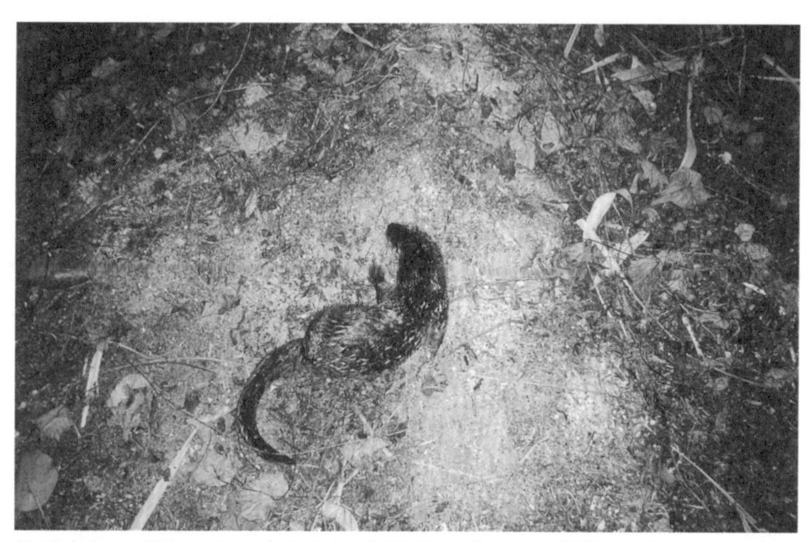

新界九龍　時間：22:12(砂浴)　紅外線熱感應自動相機拍攝

新界九龍　時間：22:13(砂浴)　紅外線熱感應自動相機拍攝

新界九龍　時間：22:13(砂浴)　紅外線熱感應自動相機拍攝

新界九龍　時間：22:13(砂浴)　紅外線熱感應自動相機拍攝

新界九龍　時間：22:13(砂浴)　紅外線熱感應自動相機拍攝

新界九龍　時間：22:14(砂浴)　紅外線熱感應自動相機拍攝

新界九龍　時間：23:35(上岸)　紅外線熱感應自動相機拍攝

新界九龍　時間：03:50(下水)　紅外線熱感應自動相機拍攝

新界九龍　時間：01:25(砂浴)　紅外線熱感應自動相機拍攝

新界九龍　時間：01:28(砂浴)　紅外線熱感應自動相機拍攝

新界九龍　時間：01:37(砂浴)　紅外線熱感應自動相機拍攝

新界九龍　時間：01:39(砂浴)　紅外線熱感應自動相機拍攝

新界九龍　時間：01:40(砂浴)　紅外線熱感應自動相機拍攝

新界九龍　時間：01:40(砂浴)　紅外線熱感應自動相機拍攝

新界九龍　時間：00:18(上岸)　紅外線熱感應自動相機拍攝

新界九龍　時間：04:17(上岸)　紅外線熱感應自動相機拍攝

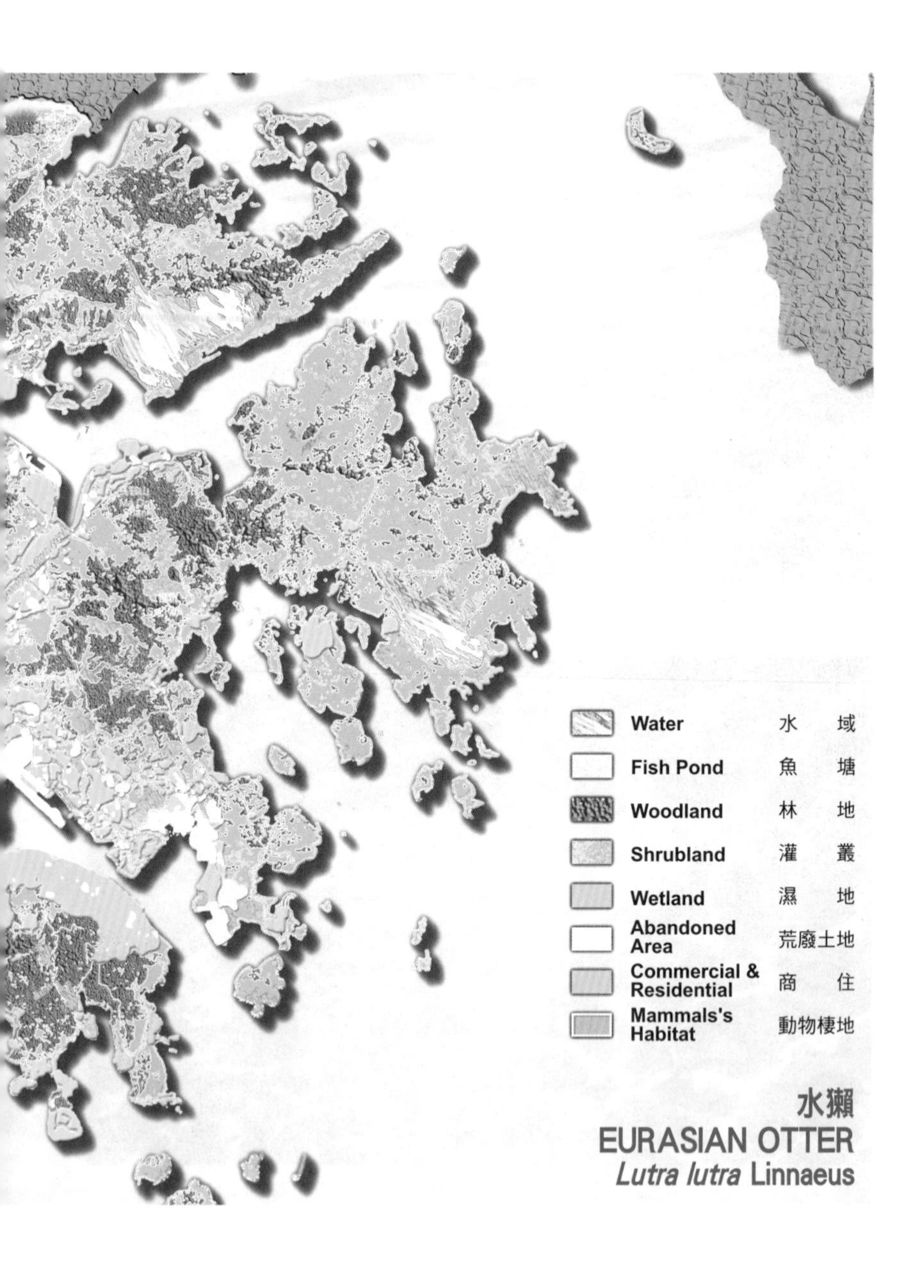

水獺

EURASIAN OTTER

Lutra lutra Linnaeus

非要殺他個片甲不留

野狗

FERAL DOG

Canis familiaris Linnaeus

體重：10－20公斤

體長：20－100公分

尾長：30－50公分

懷孕期：2個月

壽命：14年

○ ○ ○

狗集少成多，誰也不知道自己從哪裡來，誰也不知道自己應該往哪裡去。狗只知道呱呱落地，睜眼看見就是草叢，探頭張望就是樹林，密密麻麻，陰陰森森。生於斯，長於斯，狗世代相傳，就住在山坡。渴，喝山澗。飢，吃動物。病，嚼藥草。幫助消化，就撿隨地可拾的漿果，甜嘴潤喉。

狗集少成多，誰也不認為人類可以親近，誰也都視人類是天下最殘酷、最兇狠的大型哺乳類動物。棲息山坡的狗，全然瞭解人類就是天敵，只要看見人影，甚至聞到人味，狗都得要退避三舍，走為上策，敬而遠之。

狗集少成多，在山裡成群獵食，吃喝拉撒，相依為命，一代傳一代。山裡的狗，從此就被在山裡偶爾遇見狗的人類稱之為野狗。這種其貌不揚的野狗，英文名字就叫做Feral Dog。是的，棲息山坡地的野狗，就是早在幾十年以前，被人放逐，遭人遺棄，不得不回歸蠻荒，重拾狐狼本性，過着依山吃山，傍水吃水的原始生活的家狗。

狗集少成多，經年累月，生存叢林蔓草，早已搖身一變，成為本土化的野生食肉目哺乳類動物了。

○○○

野狗，淌着吐沫，在山坡列隊而行，魚貫遊走。野狗，又在隱約模糊的獸徑左切右穿，東聞西嗅，前瞻後盼，十分專業地成群狩獵。爬蟲，青蛙，老鼠，走禽，豪豬，水獺，赤麂，犢牛，野豬，只要是有血有肉的動物，絕不放過。野狗知道，獵物就在附近。野狗知道，同心協力，心想事成，必能捕獲獵物。野狗，排成陣式，靜候山谷，等待任何可以移動的物體經過，準備出其不意，非要殺他個片甲不留。

眼前，僅見巒峰連疊，綿延不絕。即使海拔不高，山谷也黴濕得像是大片熱帶雨林。處於陸地和海洋氣候沖擊的夾縫，香港起伏不平的山地終年霧氣騰騰。枯木，岩石，河床，泥地，扒爬着盡是青苔。空氣透涼。氣象萬千。

赤麂，四下環顧，引頸張望，躡手躡腳，一聲不響，穿越枝藤，再走進竹林，又竄過芒草，巧捷地閃避枯枝，輕盈地踩着落葉，一邊拍打自己的耳朵，張着水汪汪的大眼睛，恍如蜻蜓點水，一邊摘撿身邊的幼枝嫩芽，且吃且走，挪移前進，倒也心曠神怡。

趴坐岩石上端的野狗，全都看在眼裡。

決心過河的赤麂，居然不覺叢林虎視眈眈的野狗。

野狗，面露悅色，聚精會神，專注盤算，看是應該誰先出擊，誰後支援，誰去抄包，誰來殿後，彼此互使眼色，情緒高漲，原來這還是一隻秀色可餐的母赤麂。

野狗全都知道，母赤麂頭頂並沒有利角。

野狗也全都知道，母赤麂的犬齒既鈍且短。

野狗根本全都知道，母赤麂就是缺乏防禦自衛的基本能力。

○ ○ ○

「咻——」「咻——」「咻——」……

「唰——」「唰——」「唰——」……

野狗朝目標蜂擁而上。

母赤麂頓時愕然，沒搞清楚狀況，驀地已經一個轉身，沒命地彈腿就跑。

「咻——」「咻——」「咻——」

「唰——」「唰——」「唰——」

野狗連奔帶跳，你追我趕，前後呼應，左右夾擊，只要逮到機會接近獵物，無不狂性大發，你抓我咬，死纏爛打。野狗決心置赤麂於死地，立誓要食赤麂以暖腸胃。

母赤麂疲於奔命，驚惶失措，舉目無親，身上淌着鮮血，亡命踢着蹄子，忍着疼痛，一心只想甩開野狗，不顧一切，劈刺斬荊，朝向不遠的馬路死命逃去。馬路，可能出現人群。人群，將成為赤麂救命的惟一希望。然而事與願違，母赤麂緊盯馬路，眼見就快到達，眼睛卻霎時流露出絕望的神情。

平常人來人往的那些清晨運動的熟悉臉孔，全都不見了。

馬路上只有冷風颼颼，那可是死神的呼招。

母赤麂嗅到死亡的氣味，只覺得自己眼前一陣暈黑。

後腿被扯住了。

脖子被咬著了。

前腳也被狠狠地拽住不放。

母赤麂看見地面洒的，滴的，流的，噴的，盡是自己的鮮血。

野狗已經開始一口一口撕扯自己的腿股，正在大口大口嚼嚥自己的血肉。

野狗無不嘴臉猙獰，一面大聲地咆哮。

母赤麂感覺自己大腿的後半節，已經全都不見了。

○

○

○

野狗，英文叫做 Feral Dog。野狗是生活香港山區的本土化野生哺乳動物。

野狗，分類成食肉目／裂腳亞目／犬貓超科／犬科／犬屬物種，家族有十四屬、三十五種。活動範圍廣泛，成群結隊，出沒新界九龍半島，香港本島，大嶼山離島，無所不在，而且無往不利。

野狗，乏人研究。

野狗，被人誤導，經常主觀和家狗相提並論，混為一談。

野狗，為人誤解，說是遭人遺棄，流浪山頭；又或是自我縱容，迷途荒野的家狗。

野狗，經人誤會，認為在山區不易生存，對於其它野生動物不至於構成威脅。

野狗，在調查自然生態環境的時候，會被忽略，甚至故意遺漏。

○
○
○

野狗行為研究資料，幾近於無。但是，我們卻可以找到一些亞洲豺犬（紅犬）Asian Wild Dog(Red Dog)、以及澳洲野犬 Dingo 行為研究報告文獻，現在摘錄於後，提供參考：

亞洲豺犬，棲息森林，偏好山區密林，避免接觸人類，清晨及入夜活動，白晝在暗蔭或淺穴休息。(Mammals of Thailand, 1977)

亞洲豺犬，並不吠叫，僅以嗚咽和哨音聯絡彼此。(Mcdway, 1969)

亞洲豺犬，可做三公尺左右站立跳躍，亦可做五公尺左右奔騰跳躍，彈跳高度大約三公尺。(Mammals of Thailand, 1977)

亞洲豺犬，常集六至八隻，甚至可多達二十隻，成群獵食，攻擊水鹿，吠鹿等大型草食動物。(Sosnovskii, 1967)

亞洲豺犬，跟蹤獵物氣味，一旦接近即分散接力追捕，令其耗盡體力，圍剿殺食。(Mammals of Thailand, 1977)

亞洲豺犬，捕獲獵物，先咬其後臀致死，再開膛破肚。(Mammals of Thailand, 1977)

亞洲豺犬，捕獲獵物，即大塊大塊吞食鮮肉、內臟，且遺棄大部分屍體，並不吃食腐肉。(Mammals of Thailand, 1977)

亞洲豺犬，於少有獵物出現的惡劣情況之下，會選擇攻擊更大型哺乳動物，如黑熊，豹，老虎。(Burton, 1940)

亞洲豺犬，攻擊老虎，曾經親眼看見激戰過後，地面遺留一隻老虎屍體、七隻亞洲豺犬屍體。(Burton, 1940)

亞洲豺犬，在密林狩獵，極其安靜，偶然才發出幾聲吠叫，推測是用以傳遞訊息。(Mammals of Thailand, 1977)

亞洲豺犬，懷孕期九個星期，每胎四至六隻，可多達十一隻，家族關係密切，母犬彼此支援，且有在外獵食返回巢穴反芻哺餵幼犬的記錄。(Mammals of Thailand, 1977)

亞洲豺犬，被發現活動馬來西亞熱帶雨林，印度高山森林，中國大陸灌叢樹林，蒙古荒涼大草原，喜馬拉雅山脈，適應力極強。(Grzimek's Encyclopedia of Mammels, 1976)

澳洲野犬，並非典型夜行動物，白晝亦四處獵食，甚至獵捕袋鼠。(Grzimek's

Encyclopedia of Mammels, 1976)

澳洲野犬，並不吠叫，僅以嗚咽、低鳴招呼彼此。(Grzimek´s Encyclopedia of Mammels, 1976)

澳洲野犬，有遷徙習慣，常作東西方向在澳洲大陸遊走移動，以曾經利用過的獸徑往返活動。(Grzimek´s Encyclopedia of Mammels, 1976)

澳洲野犬，澳洲至今依然有每年數以千計的綿羊，遭到澳洲野犬殺害吃食。(Grzimek´s Encyclopedia of Mammels, 1976)

澳洲野犬，新幾內亞的澳洲野犬是當地特有野狗，一九五六年被首次發現，經證實在海拔二千公尺山區廣泛活動。(Grzimek´s Encyclopedia of Mammels, 1976)

○ ○ ○

狗，平平無奇，中國古代文獻缺乏膾炙人口的描繪，更沒有長篇大論的敘述。幾千年以來，狗就是缺乏表現，不足掛齒。

古人文獻提及野狗的記載，現在摘錄如下，提供參考：

《宋史》，天文志，小犬吠不絕聲者，用香油一蜆殼灌入鼻中，經宿則不吠。

《臨海水土志》，夷洲在臨海東南，有犬尾短如麕尾狀。

《桂海獸志》，蠻犬如獵狗，警而猘。

《埤雅》《爾雅》曰，未成毫狗家獸也，孔子曰，狗叩也，叩氣吠以守也，許慎以為從犬句聲蓋狗從苟，韓子曰，蠅營狗苟，狗苟故從苟也，爾雅曰，犬未成毫狗又曰龍狗也。

《傳》曰，犬有三種，一者田犬，二者吠犬，三者食犬，食犬若今菜牛也。

《獸經》，烏龍喜雪，幹寶搜神記曰，張然犬名烏龍，埤雅曰，犬喜雪，諺云雪落狗喜。

《本草綱目》，李時珍曰，狗叩也，吠聲有節如叩物也，或云，為物苟且故謂之狗，韓非云，蠅營狗苟是矣，卷尾有懸蹄者為犬，犬字象形，故孔子曰，視犬字如畫狗，齊人名地羊，俗又諱之以龍稱，狗有烏龍白龍之號，許氏說文云，多毛曰尨，長喙曰獫，音斂，短喙曰猲，音歇，去勢曰猗，高四尺曰獒，狂犬曰猘，音折。

李時珍曰，狗類甚多，其用有三，田犬長喙善獵，吠犬短喙善守，食犬體肥供饌，凡本草所用皆食犬也。

《本草綱目》，肉，黃犬為上，黑犬白犬次之。

陶弘景曰，白狗黑狗入藥用，黃狗大補虛勞，牡者尤勝。

李時珍曰，術家以犬為地厭，能禳辟一切邪魅妖術，按史記云，秦時殺狗，磔四門，以禦災，殺白犬，血題門，以辟不祥，則自古已然矣。

《宋書五行志》，宋武帝永初二年，京邑有狗人言。

《明帝初晉安王子勛稱偽號於》，尋陽紫桑，有狗與女人交三日不分離。

《明帝泰始中秣陵》，張僧護家犬生豕子。

《明理篇》，至亂之化，犬彘歲乃連，有豕生狗。

《禽獸決錄》，西周之犬能語。

〇〇〇

狗，果真能言善道？

野狗，又果真在深山，得以對話，代替吠叫，聯絡彼此？

野生動物保護基金會，於二〇〇〇年九月開始調查香港哺乳類野生動物。由安裝在山頭森林二百部紅外線熱感應自動相機，拍攝到大量珍貴鏡頭。夜以繼日，全天候勤奮工作的紅外線熱感應自動相機，由山地森林裡帶出來一卷又一卷底片，看見的竟是讓人意想不到的狗影幢幢。原來香港山地森林裡面，三五成群，同進共退，藏匿着大小不一的各種野狗，野狗在森林四處獵食，儼如食肉天敵。

二〇〇〇年九月至二〇〇三年四月止，安裝在香港山區的紅外線熱感應自動相機，於香港本島、九龍半島、新界地區，拍攝記錄野狗資料五百三十三筆（以群體活動為單位計算）。香港本島七十一筆，新界九龍半島三百九十三筆，大嶼山離島六十九筆。

關於野生動物保護基金會記錄野狗資料，現在節錄於後，提供參考：

一、香港本島

野狗，於白晝開始活動最早時間二筆。06:28, 06:30。

野狗，於黃昏暫時結束活動最遲時間二筆。17:39, 17:39。

野狗，於入夜夜行繼續開始活動最早時間二筆：18:28, 18:40。

野狗，於夜半結束活動最遲時間三筆。05:07, 05:08, 05:28。

野狗，於全日活動高峰時刻四段。07:00 – 10:00 十一筆，13:00 – 14:00 四筆，19:00 – 01:00 二十七筆，02:00 – 06:00 十三筆。

野狗，置身風雨出巡獵食記錄九筆。

野狗，二隻野狗追捕公赤麂記錄一筆。

野狗，三隻野狗追捕公赤麂記錄一筆。

野狗，一隻野狗追捕豪豬記錄一筆。

二、新界九龍半島

野狗，於東北區域白晝開始活動最早時間三筆。06:24, 06:25, 06:28。

野狗，於東北區域黃昏暫時結束活動最遲時間三筆。17:29, 17:32, 17:54。

野狗，於東北區域入夜夜行繼續開始活動最早時間三筆。18:00, 18:21, 18:22。

野狗，於東北區域夜半結束活動最遲時間一筆。04:29。

野狗，於東北區域全日活動高峰時刻四段。06:00 – 10:00 十七筆，11:00 – 19:00 三十九筆，20:00 – 21:00 四筆，02:00 – 05:00 七筆。

野狗，於東北區域置身風雨出巡獵食記錄五筆。

野狗，於東北區域一隻野狗追捕公赤麂記錄一筆

野狗，於東北區域一隻野狗追捕野豬記錄一筆。

野狗，於中西區域白晝開始活動最早時間五筆。06:18, 06:18, 06:21, 06:22, 06:28。

野狗，於中西區域黃昏暫時結束活動最遲時間三筆。17:30, 17:31, 17:43。

野狗，於中西區域入夜夜行繼續開始活動最早時間三筆。18:01, 18:22, 18:58。

野狗，於中西區域夜半結束活動最遲時間二筆。05:47, 05:56。

野狗，於中西區域全日活動高峰時刻五段。06:00 – 09:00 二十二筆，10:00 – 12:00 九筆，13:00 – 14:00 六筆，19:00 – 24:00 二十四筆，01:00 – 04:00 十五筆。

野狗，於中西區域置身風雨出巡獵食記錄九筆。

野狗，於中西區域一隻野狗追捕公赤麂記錄二筆。

野狗，於中西區域一隻野狗追捕母赤麂記錄一筆。

野狗，於中西區域二隻野狗追捕公赤麂記錄一筆。

野狗，於中西區域一隻野狗追捕豪豬記錄一筆。

野狗，於中西區域二隻野狗追捕豪豬記錄一筆。

野狗，於中西區域四隻野狗追捕豪豬記錄一筆。

野狗，於中西區域一隻野狗追捕豪豬卻中箭重傷記錄一筆

野狗，於東南區域白晝開始活動最早時間三筆。06:10, 06:13, 06:21。

野狗，於東南區域黃昏暫時結束活動最遲時間三筆。17:36, 17:38, 17:42。

野狗，於東南區域入夜夜行繼續開始活動最早時間三筆。18:12, 18:22, 18:25。

野狗，於東南區域夜半結束活動最遲時間三筆。05:06, 05:15, 05:26。

野狗，於東南區域全日活動高峰時刻四段。06:00 – 12:00 六十四筆，13:00 – 17:00 二十三筆，18:00 – 23:00 二十八筆，01:00 – 02:00 八筆。

野狗，於東南區域置身風雨出巡獵食記錄十八筆。

野狗，於東南區域追捕母赤麂記錄一筆。

野狗，於東南區域二隻野狗追捕母赤麂記錄二筆。

野狗，於東南區域追捕獼猴記錄二筆。

野狗，於東南區域二隻野狗尾隨牛群活動記錄一筆。

野狗，於東南區域遭豪豬襲擊而身受重傷記錄一筆。

野狗，於西北米埔區域白晝開始活動最早時間三筆。08:05, 08:30, 08:43。

野狗，於西北米埔區域黃昏暫時結束活動最遲時間三筆。16:30, 16:38, 16:44。

野狗，於西北米埔區域入夜夜行繼續開始活動最早時間二筆。18:13, 18:21。

野狗，於西北米埔區域夜半結束活動最遲時間二筆。05:08, 05:20。

野狗，於西北米埔區域全日活動高峰時刻四段。08:00 － 10:00 五筆，11:00 － 14:00 八筆，18:00 － 23:00 十七筆，04:0 － 06:00 五筆。

野狗，於西北米埔區域並無置身風雨出巡獵食記錄。

三、大嶼山離島

野狗，於東區白晝開始活動最早時間一筆。06:02。

野狗，於東區黃昏暫時結束活動最遲時間二筆。17:41, 17:54。

野狗，於東區入夜夜行繼續開始活動最早時間二筆。18:06, 18:24。

野狗，於東區夜半結束活動最遲時間一筆。04:28。

野狗，於東區全日活動高峰時刻三段。07:00 － 08:00 三筆，10:00 － 11:00 三筆，

19:00 — 21:00 六筆。

野狗，於東區置身風雨出巡獵食記錄二筆。

野狗，於西區白晝開始活動最早時間一筆。06:39。

野狗，於西區黃昏暫時結束活動最遲時間一筆。17:38。

野狗，於西區入夜夜行繼續開始活動最早時間三筆。18:08, 18:13, 18:29。

野狗，於西區夜半結束活動最遲時間一筆。05:03。

野狗，於西區置身風雨出巡獵食記錄一筆。

野狗，於西區三隻野狗追捕公赤麂記錄二筆。

○ ○ ○

紅外線熱感應自動相機，以兩年多時間，在香港山地森林裡面，確實帶來豐富資料和新鮮話題。野狗對於自然生態環境所產生的負面影響，以及對於其它野生動物所造成的族群鋭減，是否已經產生難以估計的變數？相信現在不得不用心面對了。畢竟幾十年以來，在山地森林世代相傳的野狗，行為早已雷同亞洲豺犬和澳洲野犬，猶如天敵，如出一轍。

野狗數量控制，是不是應該人為干涉？
野狗行為研究，是不是應該著手進行？
野狗繁殖監測，是不是應該全面追踪？
這些，統統都是紅外線熱感應自動相機，由山地森林裡面，所帶來值得深思熟慮的大問題。

○ ○ ○

萬籟俱寂。

野狗再次集合，重新出發，走在若隱若現的獸徑，威風凜凜，彷如黑道大哥。樹冠層底下，密密麻麻的灌林草叢從此不再神秘。野狗東聞西嗅，緊隨豪豬的氣味，左轉右彎，由遠而近，如入無人之境。

只聽見豪豬時而前進，忽而後退，沙沙作響。

只聽見豪豬啃着路旁香氣撲鼻的枝葉，咯吱咯吱響。

豪豬，壓根不知道野狗就在眼前。

野狗，各就各位，卻早已準備就緒。

野狗知道，豪豬的肉味香噴噴。

野狗，搖起尾巴，圍成一圈，你進我退。

豪豬，繃緊肌肉，豎直全身翎箭，只能團團轉。

野狗，糾眾包圍。

豪豬，作困獸鬥。

終於，豪豬寡不敵眾，精疲力盡，垂頭喪氣，像鬥敗的公雞，攤在地面，變成砧板上的生豬肉，轉眼就被野狗拉拉扯扯，咬咬嚼嚼，立時分了個精光。

豪豬，牘下一地的翎箭，和一副勉強連着頭殼的臭皮囊。

野狗，吃撐了肚皮，東倒西歪，你翻我仰，全體呼呼大睡。

「豪豬，誰是豪豬？」

一隻野狗唸唸有詞，在夢囈。

其實，豪豬已經不再重要了。

「不是豪豬，我說的是赤麂，味道更可口。」

「不對，小牛才是難得的珍饈，味道才叫做鮮美。」

「應該是野豬，形同龍肉，肯定就是天下第一肉。」

「豪豬？怎麼又是豪豬？也好，就再來一客豪豬肉吧。」

眾狗唸唸有詞，有問必答，同樣都在夢囈中。

野狗 (*Canis familiaris*) 於香港本島日常活動模式

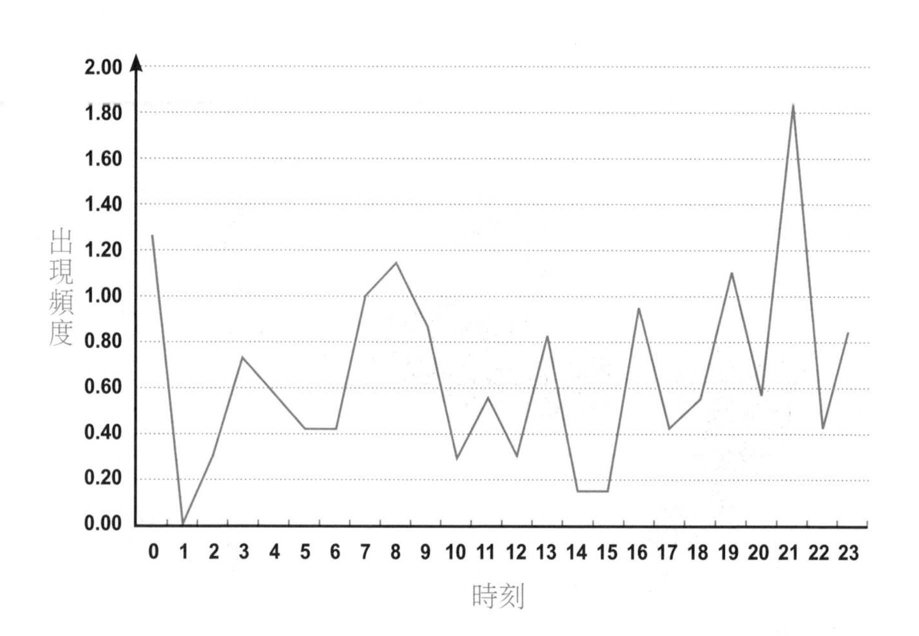

出現頻度 Occurrence Index (OI)

指每一千個相機工作小時內所拍得的動物個體數

$$OI = \frac{\text{所拍得的動物個體數} \times 1000}{\text{該動物出現地區的相機有效工作時數}}$$

野狗 (*Canis familiaris*)
於新界九龍半島日常活動模式

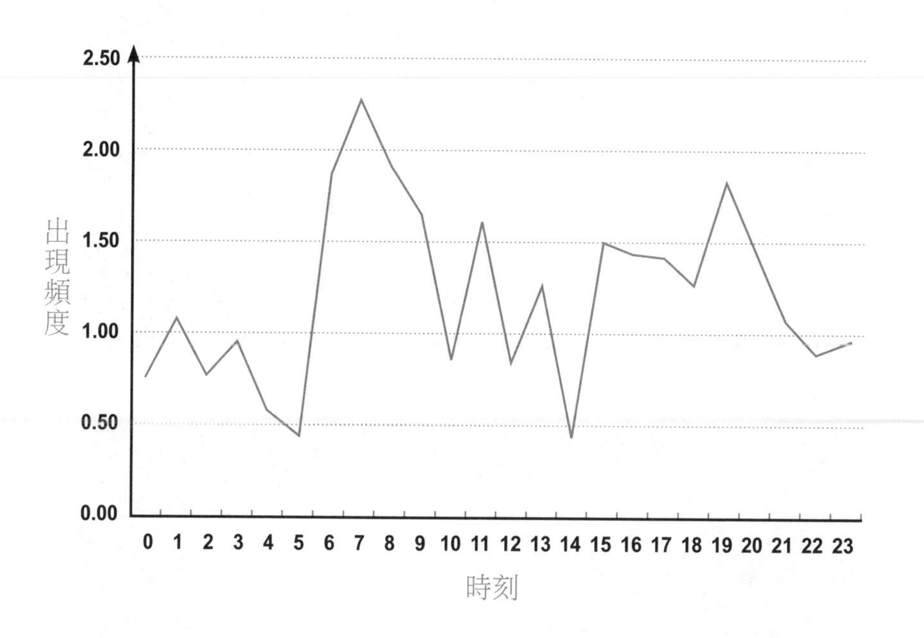

出現頻度 Occurrence Index (OI)

指每一千個相機工作小時內所拍得的動物個體數

$$OI=\frac{\text{所拍得的動物個體數} \times 1000}{\text{該動物出現地區的相機有效工作時數}}$$

新界九龍　時間：20:30(夜行)　紅外線熱感應自動相機拍攝

新界九龍　時間：19:13(夜行)　紅外線熱感應自動相機拍攝

野狗 (*Canis familiaris*)
於大嶼山離島日常活動模式時刻

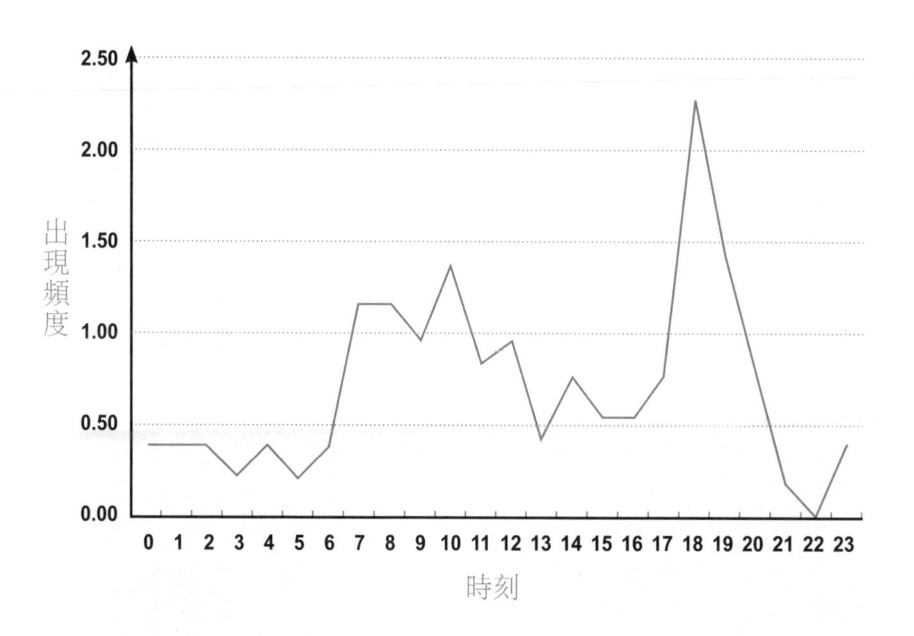

出現頻度 Occurrence Index (OI)

指每一千個相機工作小時內所拍得的動物個體數

$$OI=\frac{\text{所拍得的動物個體數} \times 1000}{\text{該動物出現地區的相機有效工作時數}}$$

新界九龍　時間：22:39(夜行)　紅外線熱感應自動相機拍攝

香港本島　時間：08:37(大雨)　紅外線熱感應自動相機拍攝

新界九龍　時間：16:30(大雨)　紅外線熱感應自動相機拍攝

新界九龍　時間：21:03(夜行)　紅外線熱感應自動相機拍攝

新界九龍　時間：20:37(夜行)　紅外線熱感應自動相機拍攝

香港本島　時間：16:50　紅外線熱感應自動相機拍攝

新界九龍　時間：23:14(夜行)　紅外線熱感應自動相機拍攝

新界九龍　時間：17:54　紅外線熱感應自動相機拍攝

香港本島　時間：18:45(夜行)　紅外線熱感應自動相機拍攝

香港本島　時間：23:09(夜行)　紅外線熱感應自動相機拍攝

新界九龍　時間：21:50(大雨夜行)　紅外線熱感應自動相機拍攝

新界九龍　時間：19:17(夜行)　紅外線熱感應自動相機拍攝

新界九龍　時間：19:37(夜行)　紅外線熱感應自動相機拍攝

香港本島　時間：09:40　紅外線熱感應自動相機拍攝

新界九龍　時間：16:20(小睡片刻)　紅外線熱感應自動相機拍攝

新界九龍　時間：23:20(夜行)　紅外線熱感應自動相機拍攝

香港本島　時間：02:03(大雨夜行)　紅外線熱感應自動相機拍攝

新界九龍　時間：09:47(大雨)　紅外線熱感應自動相機拍攝

新界九龍　時間：20:19(大雨夜行)　紅外線熱感應自動相機拍攝

新界九龍　時間：19:20(大雨靜坐)　紅外線熱感應自動相機拍攝

新界九龍　時間：18:22　紅外線熱感應自動相機拍攝

大嶼山離島　時間：20:32(夜行)　紅外線熱感應自動相機拍攝

香港本島　時間：17:27　紅外線熱感應自動相機拍攝

新界九龍　時間：10:47　紅外線熱感應自動相機拍攝

新界九龍　時間：00:08(夜行)　紅外線熱感應自動相機拍攝

香港本島　時間：09:52　紅外線熱感應自動相機拍攝

香港本島　時間：00:14(夜行)　紅外線熱感應自動相機拍攝

香港本島　時間：00:20(夜行)　紅外線熱感應自動相機拍攝

香港本島　時間：21:46(夜行)　紅外線熱感應自動相機拍攝

新界九龍　時間：19:20(夜行)　紅外線熱感應自動相機拍攝

新界九龍　時間：00:55(大雨夜行)　紅外線熱感應自動相機拍攝

新界九龍　時間：22:00(夜行)　紅外線熱感應自動相機拍攝

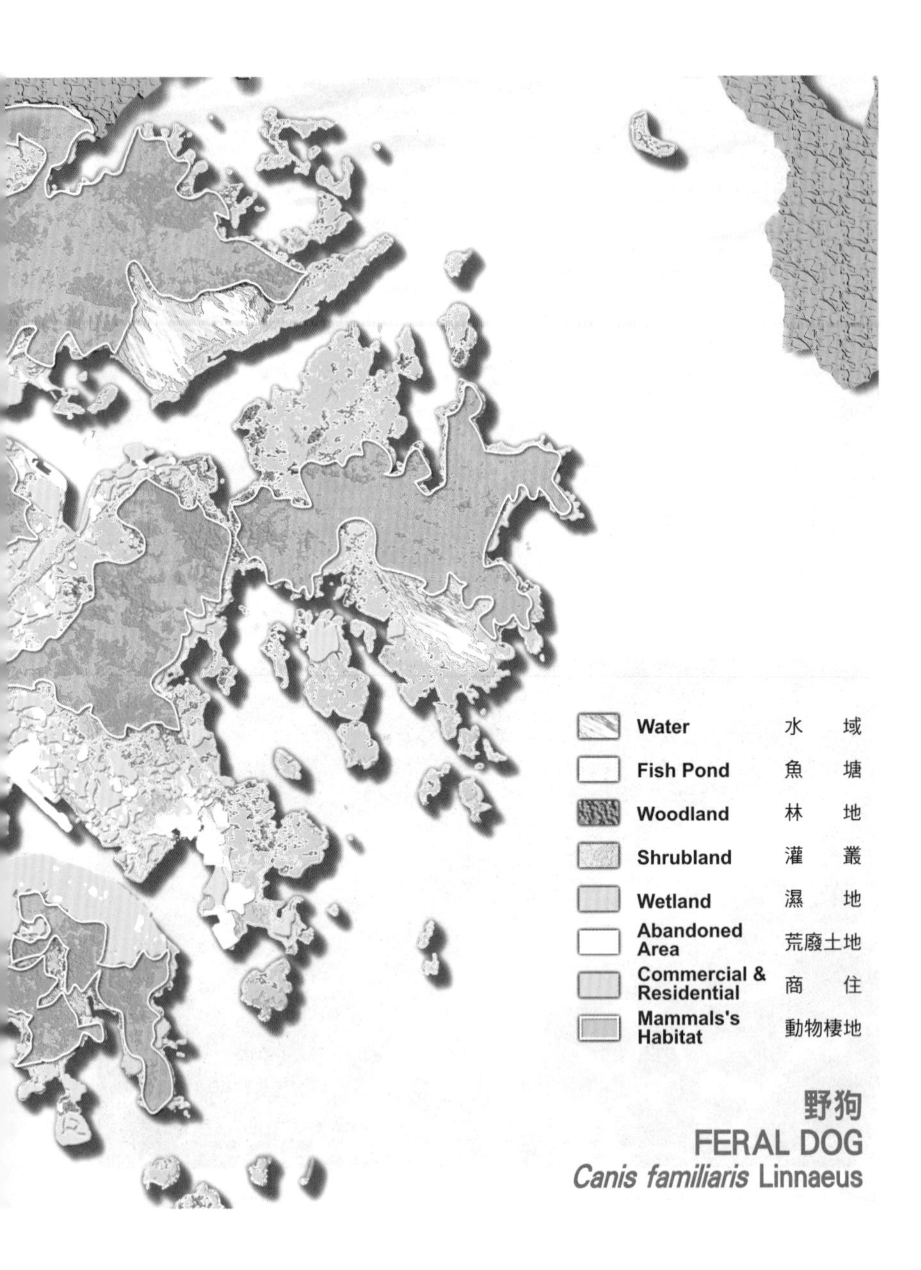
Water 水域
Fish Pond 魚塘
Woodland 林地
Shrubland 灌叢
Wetland 濕地
Abandoned Area 荒廢土地
Commercial & Residential 商住
Mammals's Habitat 動物棲地
野狗
FERAL DOG
Canis familiaris Linnaeus

這些已經不再重要了

野貓

FERAL (DOMASTICED) CAT

Felis catus Linnaeus

體重：3－9公斤

體長：50－75公分

尾長：25－35公分

肩高：35－50公分

懷孕期：2－2.5個月

壽命：10－14年

○ ○ ○

「喀啦！」「喀啦！」……

八點鐘，轉角的生果店，從外頭朝兩邊推開鐵閘。老闆娘帶來肥貓至愛的小魚乾拌飯。

肥貓瞇眼迎向強光，朝方才進門老闆娘臃腫的身型，「咪嗚」、「咪嗚」叫個不停，像在報平安，說是昨夜如何天下太平，看不見老鼠，那些有跟沒有的如此這般。

老闆娘如同往常，村婦妝扮，臉無表情，一味認真地引頸張望，一面專心搬動生果，移燈換凳，試行大運，好像滿懷期望今天非得要賺它個盆滿缽滿。老闆娘一邊瞪着爛熟的生果，嘴裡唸唸有詞。

肥貓不知所云，只知道自己頭套頸圈，拴在角落。牠逮住機會，蹭起老闆娘寬鬆的褲腳，升起尾巴，喵喵叫，說是昨夜守望生果，防範鼠輩，很盡責，快快賞我小魚乾。

門口，偶爾經過的黃狗，停住腳步，凝視肥貓，看得傻眼。歪起腦袋，皺起眉頭，豎起耳朵，張起嘴巴，唸唸有詞：

「真是風水輪流轉，貓還真的被拴着養。既不人道，又無隱私，換狗才不幹。」

肥貓瞄見自以為是、而又自由自在的黃狗，感覺沮喪，萌生愧疚。可不是？天天諂媚奉承，吃吃魚乾拌飯，那哪是我肥貓的心願。肥貓下定決心，想要一走了之，不要再看臉無表情那老闆娘移燈換凳的每每如是，不想再吃千篇一律那老闆娘魚乾拌飯的餐餐不變。不怕浪跡天涯，就怕門口的黃狗不屑一顧地狗眼看人低。

就是這樣，就在不知道是怎麼弄脱繩索的那一天，肥貓不見了。聽説肥貓不聲不響踏出大門，消失在車水馬龍的另一端。那一天，居然也就再也看不見那條偶爾經過駐足觀望的黃狗了。

○ ○ ○

有人説，行山晨運，在山腰上的郊野公園，是看見過肥貓與黃狗。

肥貓不見沒有多久，臉無表情的老闆娘再也不來了。

轉角的生果店面目全非，其實應該説是脱胎換骨。髒兮兮的鐵閘，換成明麗透亮的落地玻璃。柳丁蘋果香蕉榴槤西瓜荔枝，變成款式摩登短裙背心低腰外褲丁字內褲。再也看不見八點鐘準時蹲在地面開鎖再站起來推閘開門的老闆娘。十點鐘姍姍來遲那個暴臍露腿腳蹬三寸高跟鞋的窈窕少女，才是現在轉角時裝店的真正主人翁。

路過的行人，天天盯着落地玻璃，眼睛吃着霜淇淋。誰也記不得生果店和老闆娘過去是個什麼長相，更別提那隻拴在角落的肥貓，還有偶爾經過轉角的那隻黃狗了。這些已經不再重要。山腰上目不暇接的良辰美景，以及手到擒來千奇百怪的珍饈野味，才是肥貓和黃狗認為真正最重要。

壯士一去不復返。肥貓和黃狗，就在山腰上的郊野公園，正式做起野狗和野貓。

○○○

野貓，俗稱苗，又名女奴，其實指的就是野化家貓和相關的野生野貓。英文叫做Feral(Domasticed)Cat。

野貓，遍及世界，出沒各地，分類成食肉目/裂腳亞目/犬貓超科/貓科/貓亞科/小型貓群/貓屬物種。或肥頭胖腦，或尖嘴猴腮，毛色紛紜，斑紋遝雜，形形色色，難以概論。

野貓，來自出走遊蕩，偶爾回家的家貓。

野貓，來自賊頭賊腦，流浪街頭的流浪貓。

野貓，來自不得不回歸山野，早已還我本色的道地野貓。

○○○

一九九二年，英國自然歷史博物館出版「東南亞地區哺乳動物分類評論」，文中指出野貓廣泛存在，雖然是野生族群，卻依然進出人類居住範圍。至於野貓是否能夠棲息人煙絕跡的蠻荒山區，過着真正與人類毫無關係的原野生活，並不清楚。能夠確定的是，野貓並不列於CITES瀕危動植物種國際貿易公約保護名單，可見野貓何其多。

一九一七年，波寇克博士Dr. Pocock大胆指出，家貓源頭來自歐洲野貓European Wild Cat、以及非洲野貓African Wild Cat。其後更大胆合併歸類家貓與野貓，同時指出野貓又稱為叢林貓Jungle Cat。

○○○

野貓，貓屬。貓屬，毛色，大小、長相，被分成二十九個種。貓屬，於舊世界源自相同區域，據稱發源於印度、尼泊爾、巴基斯坦交界，從草原走向丘陵，走向沙漠，走向高原，再走進歐洲，又走進非洲，甚至走進西伯利亞。貓屬，早期並不活動亞洲大陸。據說舊世界時期的亞洲大陸和東南亞，全是豹貓屬物種天下。

貓，偏愛捕捉鼠類，擒拿蜥蜴，獵取鳥類。貓捉老鼠，不脛而走。貓，阿諛奉承，表面溫馴，從此和具有看家本領的狗，一塊成為人類家居要員。貓，開始源源不絕，走進亞洲大陸和東南亞，走進大洋洲，走進美洲，走進澳洲。貓，從馬來西亞，千里迢迢，走進馬達加斯加。貓，登堂入室，搖身一變家庭寵物。貓，骨子裡的野性，卻又讓牠耐不住地溜出閃入。貓，本性難移，經常一瞬間，已經不知去向。

家貓，豁出去做流浪貓。

流浪貓，一意孤行，變成野貓。

貓，經過漫長的歲月，有意無意的雜交，改頭換面，早已野化。現在的野化家貓，卻不再是很久很久以前還沒有馴服的純野貓。

家貓，融自於不同貓屬的不同種。

野貓，卻在蠻荒山野變成四不像。

○○○

野貓，沒有什麼研究報告，能夠收集的野貓研究調查文獻有限，現在摘錄於後，提供參考：

野貓，會和家貓雜交生育，有圈養記錄可查。(Gray, 1972)

野貓，活動草原，落葉林，灌木叢，喜棲溪河溝谷堤岸附近。(Mammals of Thailand, 1977)

野貓，在泰國有接近村落活動記錄，在印度有出現破舊村屋棲息記錄。(Mammals of Thailand, 1977)

野貓，不喜歡爬樹，修長的四肢具有追趕和絆倒獵物的功能。(Mammals of Thailand, 1977)

野貓，主食鼠類，兔類，蜥蜴，蛙類，鳥類，甚至孔雀，小型鹿科哺乳動物。(Mammals of Thailand, 1977)

野貓，偶食腐肉，會吃食老虎吃賸的獵物。(Mammals of Thailand, 1977)

野貓，有因自衛而突襲人類的記錄。(Hutton, 1949)

野貓，貓屬物種，趾行，前肢五趾，後肢四趾，趾瑞長有可伸縮彎曲的利爪。(中國經濟動物，1964)

野貓，活動溫暖地帶，棲息開濶草地、灌叢，常出現河岸，亦來回耕地和村緣。(中國經濟動物，1964)

野貓，嗅覺和聽覺發達，善跳躍，能攀樹。(中國經濟動物，1964)

野貓，吃食小型鼠類，也吃大型禽鳥，如雉雞和鷓鴣，亦食果實、腐肉，會潛入村落盜食家禽。(中國經濟動物，1964)

野貓，多在春季繁殖，每年可產二仔。(中國經濟動物，1964)

野貓，棲息河邊、湖岸蘆葦或灌叢，海岸森林，落葉木邊緣草地，奔跑速度極快。(中國脊椎動物，2000)

野貓，春季發情，妊娠期六十六天，多胎，二至五仔。(中國脊椎動物，2000)

野貓，棲息樹林和灌叢，居於獾、狐、豪豬等廢棄洞穴，或自築窩穴於林下。(四川獸類，1999)

野貓，夜間活動，偶爾白天可見。(四川獸類，1999)

野貓，棲息海拔二千公尺以下熱帶和亞熱帶湖河邊緣葦叢，灌木林，海岸叢

林，極少出現雨林。（中國獸類踪跡，2000）

野貓，穴居，獨行，晝夜活動，主食野生雉雞、鷓鴣，偶爾覓食腐肉、野果。（中國獸類踪跡，2000）

野貓，棲息山地林緣，或長有高草原野，或栽種作物平原，這種地方常有大量鼠類活動，可供獵食。（中國瀕危動物紅皮書，1998）

野貓，棲息山地，海拔高度可達二四一〇公尺。（中國瀕危動物紅皮書，1998）

〇〇〇

吃食貓肉，在中國南方成為傳統，以廣東為甚，不明就裡。

傳聞貓有強烈報復心理，不論是駕車輾死貓，或是走路踩死貓，會遭到報應，是死亡的預兆。

古書看不出貓具有什麼特異功能，貓的價值觀，因人而異。

養貓的人，愛不釋手，繼續養貓。

吃貓的人，食指大動，繼續吃貓。

〇〇〇

清雍正《博物準編》，彙編古人文獻，記載提及的野貓和家貓，現在摘錄如下，提供參考：

《酉陽雜俎》，貓目睛暮圓，及午豎斂如綖，其鼻端常冷，惟夏至，一日煖其毛，不容蚤蝨，黑者闇中逆循其毛，即若火星，俗言貓洗面過耳則客至。

《酉陽雜俎》，平陵城古譚國也，城中有一貓，常帶金鎖有錢，飛若蛺蝶，土人往往見之。

《埤雅》，鼠善害苗，而貓能捕鼠去苗之害，故貓之字從苗，詩曰，有貓有虎，貓食田鼠，虎食田彘，故詩以譽，韓樂而記曰，迎貓為其食田鼠也，迎虎為其食田豕也，舊傳貓旦暮目睛皆圓，及午即從斂如線，其鼻端常冷，惟至夏一日煖，蓋貓陰類也，故其應陰氣如此，世云，薄荷醉貓，死貓引竹物，有相感者，出於自然，非人智慮所及，如薄荷醉貓，死貓引竹之類，乃因舊俗而知爾，貓亦如虎，畫地匍食，今俗謂之匍鼠。

《爾雅翼》，貓小畜之猛者，性陰而畏寒，雖盛暑日中不憚，鼻端四時冷濕，惟夏至即溫，目睛早晚圓，日中如線，就陰則復圓，其耳經捕鼠之後則有缺如鋸，如虎食人而鋸耳也。

《爾雅翼》，古者蠟禮迎而祭之，故說者曰，蠟蓋三代之戲禮也，祭必有屍，無屍曰奠，蠟謂之祭，則有屍也，貓虎之屍。

《爾雅翼》，田祖有神相之耳，今去田鼠田豕者雖貓虎也，然所以使鼠豕得去者，豈無神以掌之耶，迎貓虎以祭其所主之神，固自有屍矣。

瑯嬛記，貓一名女奴。

《本草綱目》，李時珍曰，本草以貓貍為一類，註解然，貍肉入食，貓肉不佳亦不入食品，故用之者稀。

《本草綱目》，胡漢易簡方云，凡預防蠱毒，自少食貓肉則蠱不能害，此亦隋書所謂，貓鬼野道之蠱乎，肘後治鼠瘻，核腫，或已潰出膿血者，取貓肉如常作羹，空心食之，云不傳之法也。

《本草綱目》，李時珍曰，勞瘵殺蟲，取黑貓肝一具，生晒，研末，每朔望五更，酒調服之，出直指。

《唐書五行志》，龍朔元年十一月，洛州貓鼠同處，鼠隱伏象盜竊，貓職捕噬而反與鼠同象司盜者，廢職容姦。

《五行志》，弘道初，梁州，倉有大鼠長尺餘，為貓所嚙，數百鼠反嚙貓，少選聚萬餘鼠，州遣人捕擊殺之，餘皆去。

《唐書五行志》，天寶元年十月，魏都，貓鼠同乳，同乳者甚於同處。

《唐書五行志》，大曆十三年六月，隴右節度使朱泚，於兵家得貓鼠同乳以獻。

《唐書五行志》，太和三年，成都，貓鼠相乳。

《唐書五行志》，左軍容使，嚴遵美閹官中仁人也，嘗一日發狂，手足舞蹈，傍有一貓一犬，貓忽謂犬曰，軍容改常也。

《唐書五行志》，稽神錄王建稱尊於蜀，其嬖臣唐道襲為樞密使，夏日在家會大雨，其所畜貓戲水於簷溜下，道襲視之，稍稍而長俄而前足及簷，忽雷雹大至，化為龍而去。

《五行志》，青瑣高議治平三年，咸平，朱沛家粗豐，尤好養鵓鴿，編竹為室，數動踰百，一日為貓捕食其鴿，沛乃斷貓之四足，貓轉堂室之間，數日乃死，他日，貓又食鴿，又斷其足，前後所殺十數貓後，沛妻連產二子，俱無手足，皆棄之，終不悟，惜哉。

《宋史五行志》，紹興二十二年，劉彭老家，貓產數子，皆三足。紹熙元年三月，臨安府民家，貓生子一，有八足二尾。

《鄱陽縣志》，慶元元年，民家一貓領數十鼠隨行，相哺如子母，或殺貓，而鼠舐其血。

《續已編》，神建布政使朱彰，交阯人而寓於蘇，景泰初，謫為陝西莊浪驛丞，有西番使臣入貢一貓，道經於驛彰，館之使譯問，貓何異而上供，使臣書示云，欲知其異，今夕請試之，其貓盛罩於鐵籠，以鐵籠兩重納着空屋內，明日起視，有數十鼠伏籠外盡死，使臣云，此貓所在，雖數里外鼠皆來伏死，蓋貓之王也。

《五行志》，賢奕金陵閻右子，蕩覆先業，不勝逋責，決意自盡，一日市酒肴與妻永訣，夫妻對泣，不忍飲食，遂相與縊焉，家有貓哀鳴，躑躅其肴在案不顧也，數日不食，死未齋。

《五行志》，雜言東西南北客嘗遊乎盱江之上，有曾氏者，夜聞貓吼甚極，燭之，為鼠嚙其尾也，嘆曰，貓去鼠者也，野生者必迎諸蠟社，家畜者必藉之裀褥，蓋不輕也，故上焉者能辟鼠，次焉者能捕鼠，下焉者或與鼠同眠，今此乃為鼠嚙其尾，則貓非其貓，而鼠非其鼠矣，昔者蘇文忠公得劍槊之餘，尚可卻鼠，何斯貓之負人乃爾然，則鼠可卻乎，曰大而驅龍蛇，小而除蛙蠅之事，載於周書。

《平陽縣志》，靈鷲寺僧，妙智，嘗畜一貓，每誦經，輒蹲座下聽之，一日貓死，僧瘞之後，其處生蓮花，眾異，而發之花自貓口中出。

《吉安府志》，泰和縣城東，陳海桑先生，家畜一貓，嘗依左右，越數年，先生沒，其貓朝夕不食，竟臥柩下經七日死。

《五行志》，賢奕齊奄，家畜一貓，自奇之號於人曰虎貓，客說之曰，虎誠猛不如龍之神也，請更名曰龍貓，又客說之曰，龍固神於虎也，龍升天須浮雲，雲尚於龍乎，不如名曰雲，又客說之曰，雲靄蔽天，風倏散之，雲故不敵風也，請更名曰風，又客說之曰，大風飆起，維屏以牆斯足蔽矣，風其如牆，何名之曰牆貓，可又客說之曰，維牆雖固，維鼠穴之牆斯圮矣，牆又如鼠，何即名曰鼠貓可也，東里丈人嗤之曰，噫嘻捕鼠者故貓也，貓即貓耳，胡為自失本真哉。

○○○

香港的郊野是富饒的。要花有花，要果得果。落葉木凌駕針葉木，次生林欣欣向榮。動植物彼此和諧互惠，相得益彰。曾經濫伐賤墾的山坡地，植上厚厚的綠蔭。從前掠殺盜獵的猙獰面目，從此被完全遺忘。綠蔭，粉飾天下太平。較大型哺乳類野生動物，相繼重現，惟獨雲豹和紅狐從缺。這正是千載難逢的好機會，野貓和野狗紛紛上路，進駐森林，各就各位，居然取代雲豹和紅狐那令人羨慕的天敵地位，傲視群獸，吃香喝辣。

野貓，晝夜活動，孤居獨行，從山腳走向山坡，再從山坡攀向山頂，無畏無懼，征服香港所有郊野山嶺。大嶼山離島，海拔九百三十四公尺的鳳凰山、海拔八百六十九公尺的大東山，野貓如入無人之境，環肥燕瘦，足跡遍野，穿梭其間，互來互往。

香港山野的天敵，換貓做做看。

○　○　○

野貓，完全脫離人類居住環境，在郊野森林裡持續野化。

野貓，成為哺乳類野生食肉動物青壯份子，獨善其身，維持生態平衡。

野生動物保護基金會，於二〇〇〇年九月開始調查香港哺乳類野生動物。由安裝在山頭森林二百部紅外線熱感應自動相機，追踪拍攝哺乳類野生動物的分布和行為模式。

二〇〇〇年九月至二〇〇三年四月止，安裝在香港山區的紅外線熱感應自動相機，記錄野貓資料一百〇一筆。計香港本島二十五筆，新界九龍半島五十三筆，大嶼山離島一百二十三筆。

關於野生動物保護基金會記錄野貓資料，現在節錄於後，提供參考：

一、香港本島

野貓，於白晝開始活動最早時間三筆。06:02, 06:03, 06:29。

野貓，於黃昏暫時結束活動最遲時間一筆。17:32。

野貓，於入夜繼續開始活動最早時間一筆。18:39。

野貓，於夜半結束活動最遲時間一筆。05:22。

野貓，於全日活動高峰時刻四段。06:00 – 07:00 四筆，19:00 – 20:00 三筆，22:00 – 02:00 八筆，04:00 – 05:00 三筆。

野貓，置身風雨出巡覓食記錄三筆。

二、新界九龍半島

野貓，於東北區域白晝開始活動最早時間一筆。07:47。

野貓，於東北區域黃昏暫時結束活動最遲時間二筆。17:10, 17:47。

野貓，於東北區域入夜繼續開始活動最早時間三筆。18:18, 18:19, 18:29。

野貓，於東北區域夜半結束活動最遲時間二筆。05:46, 05:48。

野貓，於東北區域全日活動高峰時刻三段。17:00 – 19:00 五筆，23:00 – 24:00 三筆，01:00 – 06:00 十筆。

野貓，於東北區域置身風雨出巡覓食記錄七筆。

野貓，於中西區域至今僅有記錄一筆。18:35。

野貓，於東南區域白晝開始活動最早時間三筆。06:04, 06:49, 06:55。

野貓，於東南區域黃昏暫時結束活動最遲時間一筆。17:49。

野貓，於東南區域入夜繼續開始活動最早時間一筆。18:20。

野貓，於東南區域夜半結束活動最遲時間一筆。05:19。

野貓，於東南區域全日活動高峰時刻三段。06:00 – 07:00 三筆，16:00 – 17:00 三筆，23:00 – 01:00 四筆。

野貓，於東南區域置身風雨出巡覓食記錄一筆。

野貓，於西北米埔區域至今並無拍攝記錄。

三、大嶼山離島

野貓，於東區白晝開始活動最早時間二筆。06:09, 06:27。

野貓，於東區黃昏暫時結束活動最遲時間二筆。17:01, 17:55。

野貓，於東區入夜繼續開始活動最早時間二筆。19:21, 19:52。

野貓，於東區夜半結束行動最遲時間三筆。05:38, 05:47, 05:52。

野貓，於東區全日活動高峰時刻三段。19:00 – 21:00 九筆，22:00 – 23:00 四筆，

24:00 － 01:00 四筆，05:00 － 06:00 八筆。

野貓，於東區置身風雨出巡覓食記錄八筆。

野貓，於西區白晝開始活動最早時間四筆。06:00, 06:04, 06:12, 06:15。

野貓，於西區黃昏暫時結束活動最遲時間一筆。16:27。

野貓，於西區入夜繼續開始活動最早時間四筆。18:15, 18:16, 18:17, 18:27。

野貓，於西區夜半結束活動最遲時間三筆。05:40, 05:57, 05:58。

野貓，於西區全日活動高峰時刻三段。06:00 － 07:00 五筆，18:00 － 19:00 八筆，20:00 － 05:00 四十七筆。

野貓，於西區置身風雨出巡覓食記錄六筆。

○○○

紅外線熱感應自動相機帶來值得思考的資訊——

一、香港，恆河獼猴族群數量較多區域，沒有野貓活動。
二、香港，豹貓族群數量較多區域，沒有野貓活動。
三、香港，靈貓科物種族群數量較多區域，沒有野貓活動
四、香港，豹貓和靈貓科物種絕跡區域，大量野貓活動。
五、香港，野狗族群數量較多區域，並不影響野貓活動。

○○○

旭日冉冉升起，光線漸次移動，透過葉片，探視大地。

那是一隻野貓，那張臉七分似當年離家出走的肥貓，身型寬厚，四肢粗健，目光炯炯，神采奕奕，出沒於山坡密林那塊巨岩附近。巨岩，一分為二，聳峙濃蔭其間，儼如城堡，形同天險。野貓，以岩縫為家，正在舔刷那襲色澤混淆不清的油油毛皮，洋洋得意，聚精會神。在這裡，野貓就是天敵。

野貓，並沒有見過肥貓。野貓，從來就不知道肥貓原來就是牠的貓爸。野貓只

顧舔刷那襲毛皮，一面養精蓄銳。野貓只知道自己是一隻實實在在的大野貓，一日三餐都必須獨行覓食，也都必須身體力行。

野貓，卻偶爾見過豹貓。野貓，知道牠和豹貓在山頭各據一方，全無交集，卻不時錯綜巡迴，交叉覓食，王不見王，倒也相安無事。

那邊，朝着野貓踽踽行，匍匐前進，走過來了一隻大山龜。隆起的龜背，長度足足二十九公分。山龜瞪起鋼珠一般的大眼，擡起鸚鵡一樣的大嘴，舉起彷彿潛望鏡的大頭，濶步邁近，搖搖晃晃。

這邊，眼看大山龜步步逼近，野貓一躍而起，骨騰肉飛，就在半天高翻轉了兩個高難度的大筋斗。野貓好奇地注視地面的山龜。山龜的龜背赫然有刀刻的斗大漢字，揮洒自如：

「黔明寺 96．4．25」

這應該是中國大陸和尚於一九九六年的即興傑作。這應該是一隻放生的大山龜。這應該是一隻由大陸貴州放生，輾轉賣到香港，再重新放生的大山龜。野貓大吃一驚，牠作如是想。

大山龜，老氣橫秋，「呼噓」、「呼噓」，滿腹牢騷。大山龜若有所思，左搖右晃，呈直線前進，壓根就沒有在意騰空飛躍的野貓。大山龜一心一意，只想找一個能夠訴說心曲的老伴，這可是牠長年以來的心願啊。大山龜卻不知道，香港根本沒有山龜，牠只不過是一些和尚胡亂放生的犧牲品。大山龜也不知道，貴州的山龜還是CITES 瀕危動植物國際貿易公約、以及中國大陸政府同時列為二級重點保護動物的稀有物種，牠卻無端流亡香港，驟然變成獨居老人。

野貓同情地凝視山龜，一路目送牠發出「呼噓」、「呼噓」求偶訊息，一昧繼續盲目前進。青春不再的大山龜，似乎帶來把握今天即時行樂的嶄新啟示。野貓頓有所悟，決心在今夜動身。

山野的天穹是多麼遼濶。

月色皎潔，星光閃爍。

春天的空氣，飄散無垠芬芳。

野貓，「喵嗚」、「喵嗚」，滿腹牢騷，若有所思，踩着步伐，直線前進，牠也要求偶。

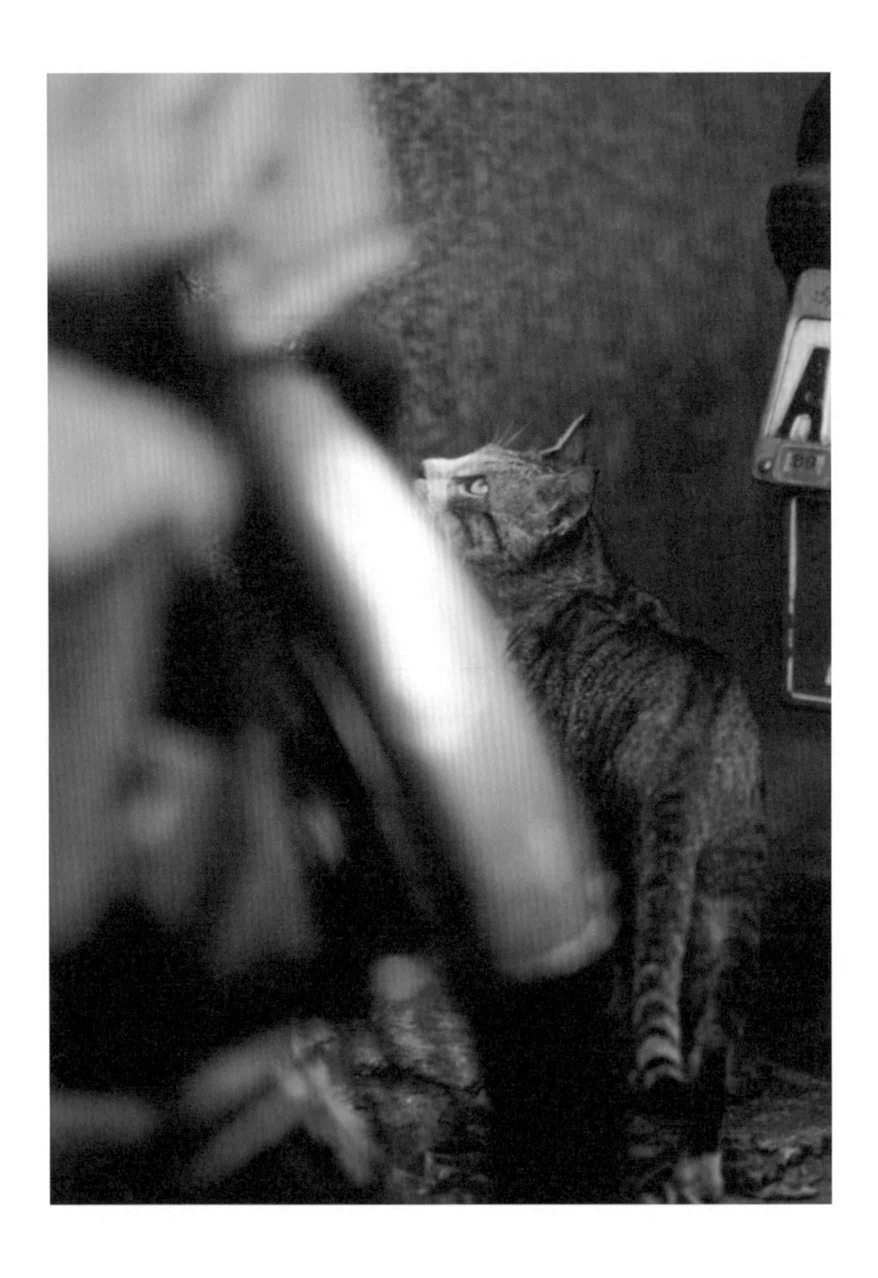

野貓（*Felis catus*）
於香港本島日常活動模式

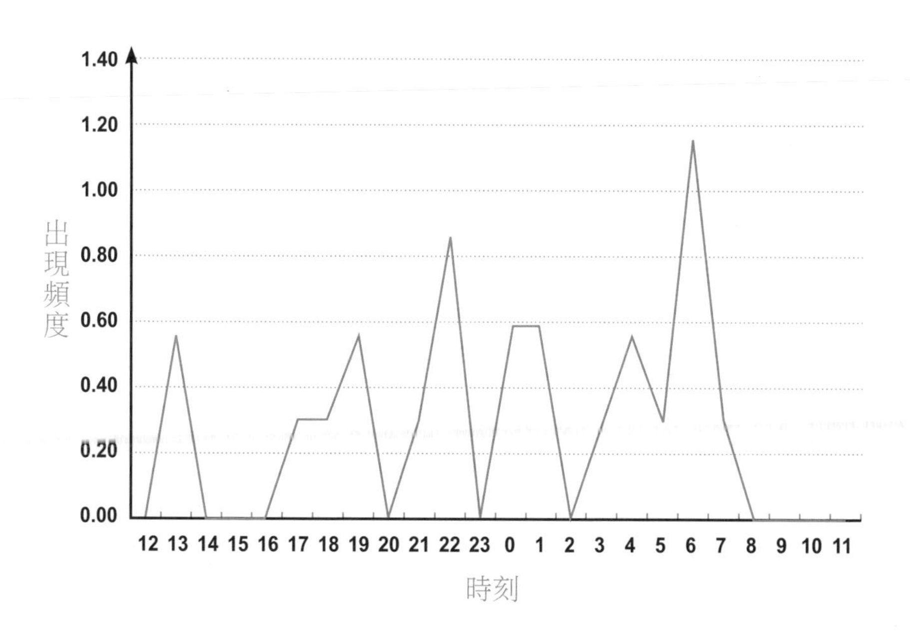

出現頻度 Occurrence Index (OI)

指每一千個相機工作小時內所拍得的動物個體數

$$\text{OI} = \frac{\text{所拍得的動物個體數} \times 1000}{\text{該動物出現地區的相機有效工作時數}}$$

野貓（*Felis catus*）
於新界九龍半島日常活動模式

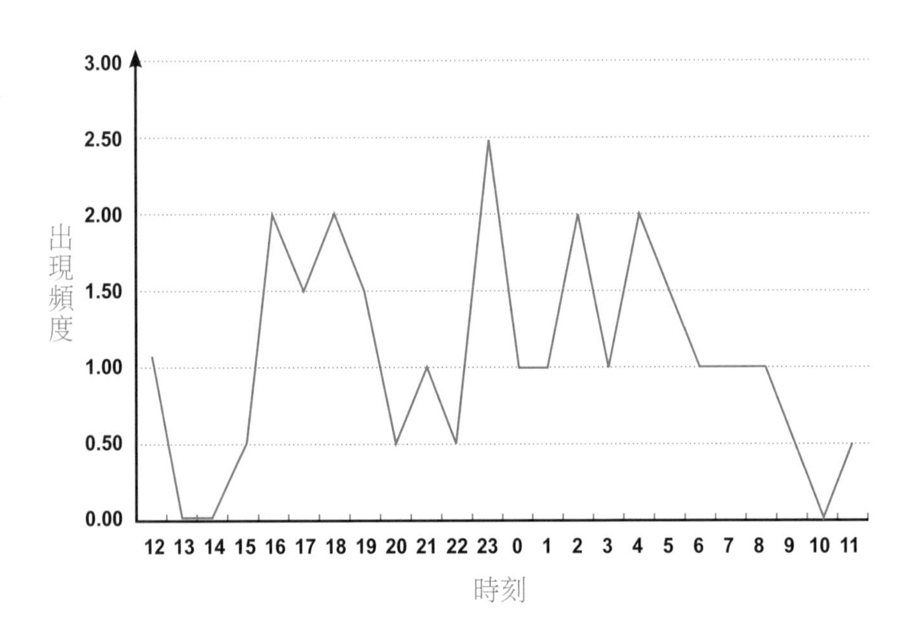

出現頻度 Occurrence Index (OI)

指每一千個相機工作小時內所拍得的動物個體數

$$\text{OI}=\frac{\text{所拍得的動物個體數}\times 1000}{\text{該動物出現地區的相機有效工作時數}}$$

野貓（*Felis catus*）於大嶼山離島日常活動模式時刻

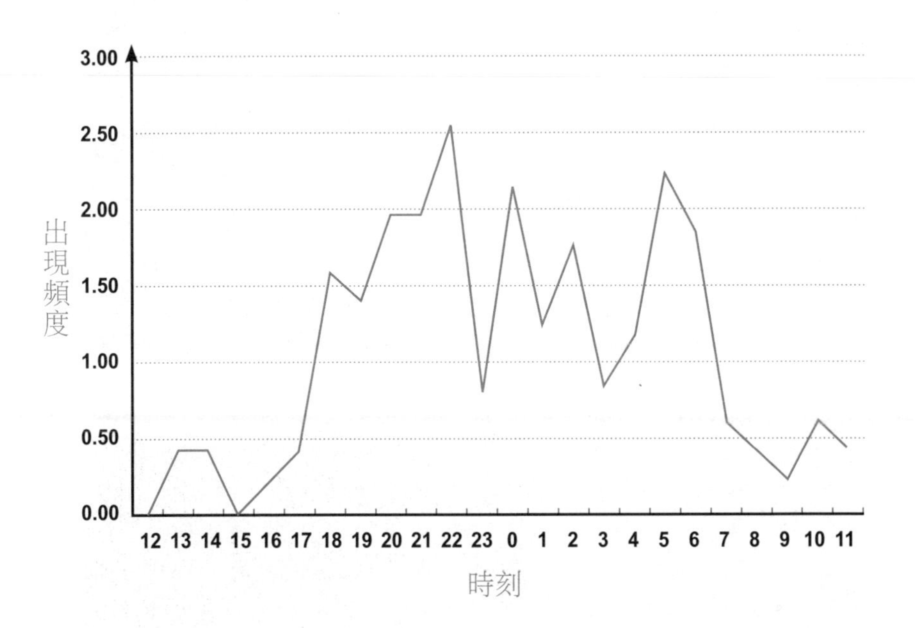

出現頻度 Occurrence Index (OI)

指每一千個相機工作小時內所拍得的動物個體數

$$OI=\frac{\text{所拍得的動物個體數} \times 1000}{\text{該動物出現地區的相機有效工作時數}}$$

大嶼山離島　時間：17:55　紅外線熱感應自動相機拍攝

新界九龍　時間：18:29　紅外線熱感應自動相機拍攝

新界九龍　時間：05:19(雨天夜行)　紅外線熱感應自動相機拍攝

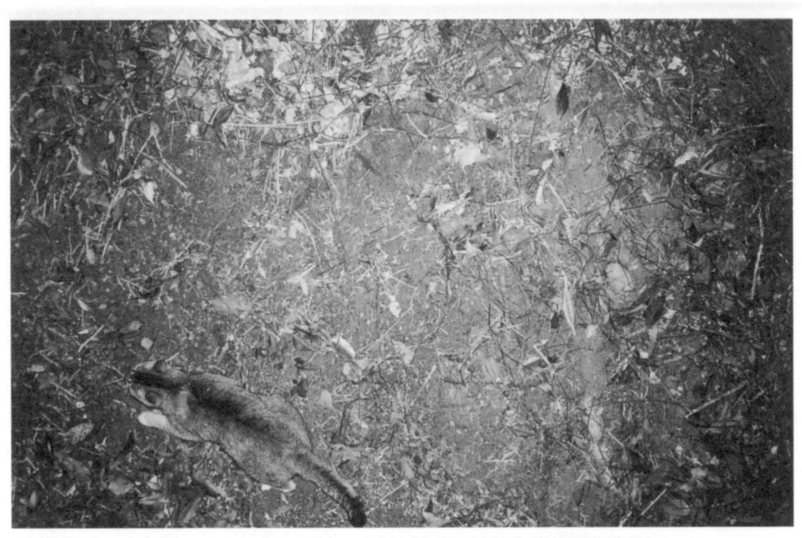

香港本島　時間：03:40(夜行)　紅外線熱感應自動相機拍攝

大嶼山離島　時間：04:53(夜行)　紅外線熱感應自動相機拍攝

香港本島　時間：04:31(夜行)　紅外線熱感應自動相機拍攝

大嶼山離島　時間：05:58(夜行)　紅外線熱感應自動相機拍攝

新界九龍　時間：23:41(夜行)　紅外線熱感應自動相機拍攝

大嶼山離島　時間：01:39(雨天夜行)　紅外線熱感應自動相機拍攝

大嶼山離島　時間：04:18(夜行)　紅外線熱感應自動相機拍攝

大嶼山離島　時間：00:01(夜行)　紅外線熱感應自動相機拍攝

新界九龍　時間：23:59(雨天夜行)　紅外線熱感應自動相機拍攝

新界九龍　時間：20:40(雨天夜行)　紅外線熱感應自動相機拍攝

大嶼山離島　時間：02:54(雨天夜行)　紅外線熱感應自動相機拍攝

香港本島　時間：03:24(夜行)　紅外線熱感應自動相機拍攝

新界九龍　時間：19:22(雨天夜行)　紅外線熱感應自動相機拍攝

大嶼山離島　時間：02:02(夜行)　紅外線熱感應自動相機拍攝

大嶼山離島　時間：01:48(夜行)　紅外線熱感應自動相機拍攝

香港本島　時間：01:11(夜行)　紅外線熱感應自動相機拍攝

香港本島　時間：03:48(夜行)　紅外線熱感應自動相機拍攝

香港本島　時間：23:04(夜行)　紅外線熱感應自動相機拍攝

大嶼山離島　時間：22:34(夜行)　紅外線熱感應自動相機拍攝

大嶼山離島　時間：19:52(夜行)　紅外線熱感應自動相機拍攝

大嶼山離島　時間：22:44(夜行)　紅外線熱感應自動相機拍攝

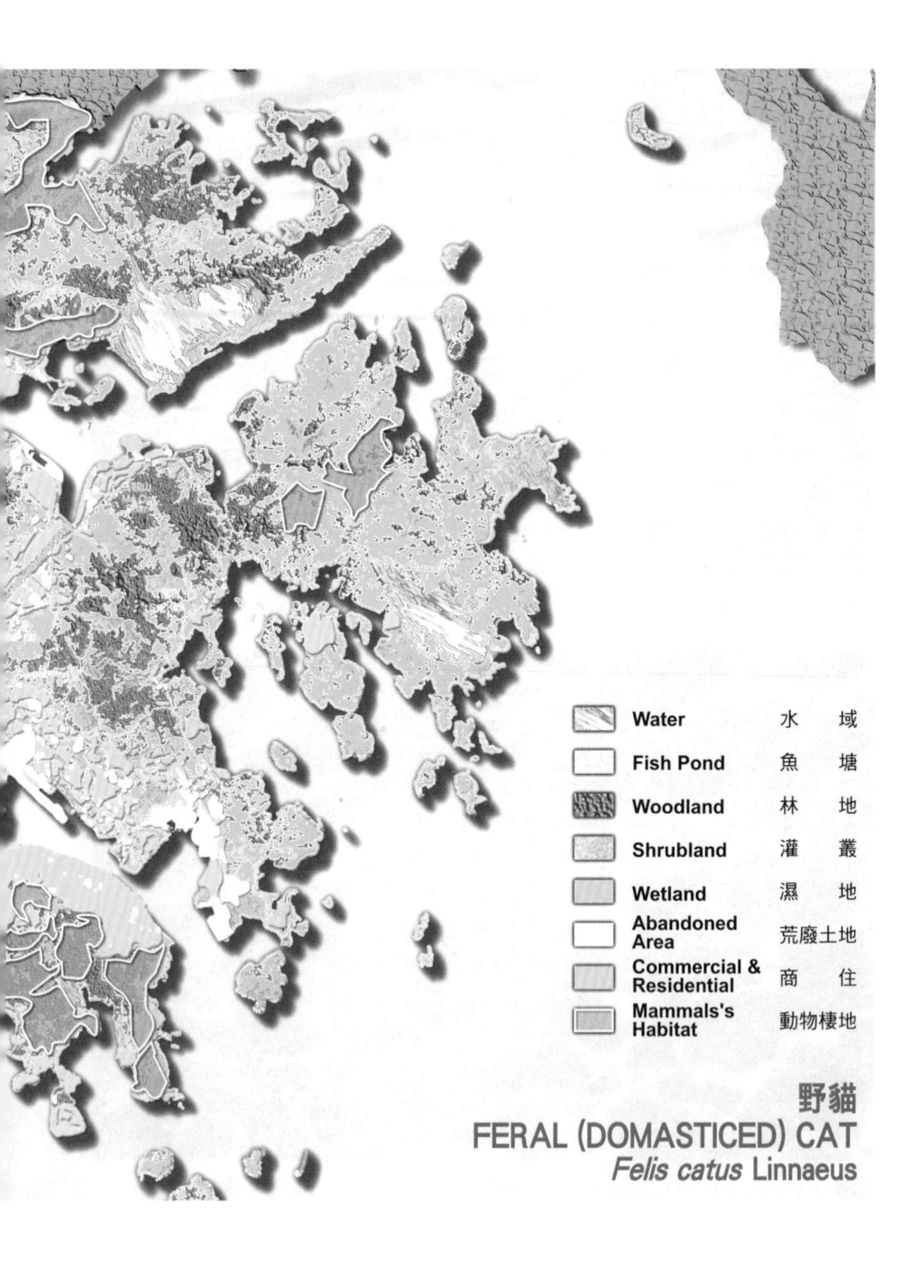

野貓
FERAL (DOMASTICED) CAT
Felis catus Linnaeus

美味可口的道地餐廳

野黃牛

FERAL (DOMESTICED) CATTLE

Bos taurus Linnaeus

體重：600－800公斤

體長：250－300公分

尾長：70－100公分

肩高：170－200公分

懷孕期：9－9.5個月

壽命：20－25年

○○○

山腰有一片林。

林生氣蓬勃，枝葉茂密，包圍寺廟，疏密不均地靜悄婷立。

林又繞過寺廟，沿古道兩側擴散奔放，再越過稜線，不知去向。

鳳凰山的山麓，形成一條寬暢的生態廊道，綿延不絕。蒼山翠谷，鳥翱蝶舞，美麗如畫。

○○○

林邊有一塊草地。

草地挨近寺廟，草青翠芬芳。

草隨微風曳搖，使出渾身解數，像婀娜多姿的女子，秋波迎人，歡迎光臨，多謝惠顧。原來這裡就是美味可口的道地餐廳。

風，徐徐吹掠。草，香聞十里。

○○○

草地有一隻老公牛。

老公牛一嘴一嘴修剪嫩草，閒情逸致，飽食終日，悠哉遊哉，心滿意足，最後還是決定邁出草地，繼續甩着粗如蛇身的尾巴，晃起頭蓋那兩支身經百戰的利角，一邊挪移臃腫得教人咋舌的黝黑軀幹，且走且停，一邊還不屑的回頭環視草地，滿意地一再檢閱屬於自己的勢力範圍。原來這裡就是美味可口的道地餐廳，這裡可是我格老子獨自享用的御用食殿才對呀。

老公牛拖着笨重的皮囊，走進那片林，腳踩滿地的枯枝落葉，沙沙作響。

○○○

古道的那端也有一隻公牛。

公牛威武雄壯，肌塊結實，胴體棕黑發亮。

公牛銅鈴般的大眼，炯炯有神。公牛頭蓋頂着的大角，尖銳筆直。公牛士氣高昂，意志堅定，信心飽和，擡頭挺胸，一邊吸嗅迎風撲鼻來自那塊草地的芬芳草香，一邊踩踏着實穩健的步伐，就在古道的那端，朝向草地，果斷逼進。公牛知道，前面就是美味可口的道地餐廳，公牛更清楚，前面就是非常可恨、相當可惡、賴死不走、那隻老公牛的家居後花園。公牛卻食髓知味，明明知道勢必得要和那隻勢均立敵的老牛打場硬仗，但是想起頻送秋波的大片嫩草，公牛認為哪怕是惡鬥，就是打得血肉橫飛，就算拚個你死我活，亦在所不惜。那可是不容錯過，屢試不爽，回味無窮，美味可口的道地餐廳呀。

公牛決心應戰，一邊集中意念，專心想着那塊正在使出渾身解數，使勁扭動腰肢，香味撲鼻的嫩草，腸胃咕嚕咕嚕就叫起來了。

○○○

才走進林裡的那一隻老公牛。

那片林裡面，就在古道的那端，傳來一陣又一陣的地動。那是落葉枯枝傳導的隱約震盪。那是想起來就會咬牙切齒，恨不得將之碎屍萬段，那隻且走且近的入侵者紮實的腳步聲所引發的震動。原本純香的草味不再清香，此時此刻，草味夾雜着是難以忍受的厭惡騷味，那是唾、汗、屎、尿攪和的劣質混合臭味。騷味，臭氣沖天。老公牛，簡直就不能接受。

那是一股居然不是出自自己身體的濃烈牛騷。老公牛被薰得暈頭轉向。牛騷味就是那樣，吸進老公牛的肺裡，再從老公牛的肺裡擠出來，窒鼻的牛騷味來回疾速地鼻進鼻出，吁吁作響。老公牛，氣急敗壞，老羞成怒，情緒難以克制，一下子就暴跳了。再也耐不住煩躁的牛性子，再也按不住火爆的牛脾氣，老公牛就地取材，就在身邊選了一棵最粗壯的大樹，一下又一下，竟然衝撞起樹幹，「砰咚」、「砰咚」地磨起頭蓋上的大角。

樹被頂撞得搖搖晃晃，嘩喇嘩喇地響個不停。
那些扒不住枝頭的葉片，一不留意，紛紛應聲倒地。
本來風景如畫的那片林，驀地感覺陰森而又詭異。

○○○

空氣凝結了。
氣氛嚴肅了。
鳥翱蝶舞不見了。
就連躲在地洞裡的老鼠也惴惴不安了。
這可是暴風雨的前奏。

眼看着那端的公牛囂張地逼近，走在古道上，經過那片林。又眼看着那隻公牛接近嫩草，正準備，腳就要踩進草地。

樹林裡的老公牛，幾乎氣炸，血脈噴張，鼓起牛眼，踢揚後蹄，揮舞利角，就這麼幾個大步，已經切出那片林，好端端站在一塊不知名的岩石上面，朝向方才走過那公牛的後臀，狠狠吐納瞅瞪，真恨不得立馬要生吞那隻目中無牛的入侵者。

入侵的公牛，顧不得即將爆發的戰爭。入侵的公牛，只知道嘰哩咕嚕、嚷嚷不停的腸胃，聲聲催促，必須加緊腳步。入侵的公牛，知道要和時間競賽，吃為上策，三步兩步，一頭就栽進嫩草叢裡，趕緊大口大口地狼吞虎嚥。頭，快速左右擺動。牙，就像一把利剪，嘎吱嘎吱，那些原本婀娜多姿、扭晃腰肢、大送秋波的嫩草，就這麼排着隊伍，一株一株，都裝進入侵的公牛的胃袋去了。

入侵的公牛，吃得渾然忘我，壓根就忘記站在岩石上面，幾乎氣炸，那隻老公牛的存在。入侵的公牛，對於脊背一陣突然而至的冰涼，也完全沒有會意過來。

「颼！」的一聲，風馳電掣，老公牛已經來到入侵的公牛後臀，相距不及一尺。

說時遲，那時快。還在埋首草叢專心剪吃嫩草，那隻入侵的公牛，那張惹眼的棕黑得發亮的牛屁股，已經被老公牛從左後側位置，狠狠撞了個正着。一個踉蹌，入侵的公牛被震彈開來，狠狠跌坐草地，莫名其妙。

怎麼一回事？

入侵的公牛站起來，朝着老公牛，滿腦子的問號。

入侵的公牛想起來，那條古道，那片樹林，這塊草地，還有眼前的這隻非常可恨、相當可惡、霸佔嫩草、賴死不走的老公牛。

一隻是很生氣的公牛。

一隻是更生氣的老公牛。

就是這樣，一語不發，頭對頭，角對角，眼對眼，臉對臉，面對面，扭打起來。

應該說這是一場纏鬥。

先是老公牛前進一步，入侵的公牛倒退一步。

輪到入侵的公牛前進兩步，老公牛倒退兩步。

不一會兒，老公牛前進三步，入侵的公牛只好倒退三步。

過一陣子，入侵的公牛前進四步，老公牛心不甘、情不願地倒退四步。

兩隻身型魁梧的公牛，就是這樣，你來我往，僵持不下。兩隻公牛的頭，總是頂着對方的頭。兩隻公牛的角，老是纏住對方的角。眼對眼，臉對臉，面對面，彼此大口大口地吸納彼此的二氧化碳，彼此嘴角都還在滴淌混雜着反芻不清的口水。

猛地，纏鬥激烈起來。

老公牛，一鼓作氣，連進七八步。入侵的公牛，冷不防，敗退七八步。入侵的公牛不甘示弱，回敬老公牛，前進了七八步。老公牛，不得不，也退後了七八步。

兩隻公牛，就在烈日曝晒底下，閃閃發亮，時而進進退退，時又退退進進，從草地打上古道，再從古道打進草地，一會兒打到林邊，一會兒又打大岩石旁邊，忽而泥沙飛濺，忽地塵土飛揚。誰也不服誰，誰也不認輸。打着，打着，就從正午打到了黃昏。

兩隻公牛，打得是天昏地暗。
兩隻公牛，打得是敵我難分。
彼此，都掛了彩。
彼此，也都精疲力竭。

〇〇〇

不知道就在什麼個時辰，兩隻公牛全都不見了。聽說是各自又回到各自的那片林。
兩隻公牛，誰也記不得那幕纏鬥對打的細節，那只不過是數之不清的其中一次嫩草爭奪戰罷了。
草隨微風曳搖，再度使出渾身解數，像一群婀娜多姿的女子，秋波迎人。原來這裡就是美味可口的道地餐廳啊。

風，徐徐吹掠。草，香聞十里。古道那端的公牛又再蠢蠢欲動了。

○○○

野黃牛，這裡指的就是棄養野放，從此世代野生的家黃牛。

野黃牛，經歷野生、圈養、牧放、棄養、野放、流浪、野生，世代相傳，已經無法區分究竟是來自何方。

野黃牛，俗稱黃牛。英文叫做Feral(Domesticed)Cattle。香港，野黃牛，膚色不一，族群數目不一，分布大嶼山離島、新界廣泛地方。

野黃牛，在山區草生地和次生林日夜活動，世代相傳，已經形成早期是外來引進種的本土化大型哺乳類野生動物，分類成偶蹄目/反芻亞目/牛科/牛亞科/牛屬物種。黃牛，大概有八百個亞種散布全世界。

資料顯示，黃牛被圈養牧放的年代，早在西元前七千年，盛行於北希臘、印度；圈養牧放黃牛，在西元前二千年，開始盛行於埃及和歐洲；大概在六千五百年前，圈養牧放黃牛的習俗，已經傳到亞洲；至於美洲熱帶地區，則在一百年前，開始有圈養牧放黃牛的風氣。

○○○

農業社會，影響整個中國大陸。即使是磊塊比立的彈丸之地香港，也遭肆意開墾，無法倖免。

香港本島、大嶼山離島、九龍半島、新界地方，經年累月，濫伐耕種，不僅在平原劃地為田，海拔九百公尺以上的大帽山、鳳凰山、大東山，三個山頭也都先後闢成果園、茶園、各式雜糧農耕地。存檔的當年相片，即可以觀察十九世紀的香港已經遍野光禿，沒有原始森林，看不見野生動物，環境被蓄意破壞，僅存的野生動植物，寥寥無幾，岌岌可危。

黃牛，就是那個時期的產物。黃牛，成為那個時期不可或缺的耕作工具、拉車工具。黃牛，更提供那個時期靠山吃山的牛奶、牛肉、牛筋、牛雜、牛油、牛皮、牛糞，甚至一致認為具壯陽高效的牛鞭。黃牛，在那個年代的香港，意義重大，大量圈養牧放，大量地繁殖。

十九世紀，英國人統治香港，逐漸脱離猶如禁足的農業生活方式。農田廢耕了，農民遷徙了，一波又一波的人潮從四面八方湧進香港，如雨後春筍的工商業迅速進駐香港。

靠山吃山的農村，變成廢村。

茶樹、果樹、農作物，乾枯死亡，變成荒山。

不計其數的黃牛，棄養野放，變成野黃牛。

這個時候，香港又隨着早期環保意識的高漲，再隨着英國人全面推行播種和栽種先鋒植物，次牛林居然於短短四五十年重新各據山頭，先後成型。然而黃牛已經在香港本島絕跡，黃牛也在九龍半島不見踪跡，野黃牛卻在新界和大嶼山離島，登高走低，遊走草生地，往返次生林，生生不息。無心插柳、柳成蔭，野黃牛和其它雜食性、草食性哺乳類野生動物，行為雷同，晝夜活動，吃喝拉撒，還為香港自然環境盡番力量，做出貢獻，野生植物從此欣欣向榮，僥倖存活的野生動物得以擴散綿延，甚至遠在深圳的野生動物也都紛紛南下，香港自然環境的野生動植物，從此多樣性。

○ ○ ○

香港，找不到關於野黃牛、又或者是早期黃牛的學術報告。香港，時至今日，對於野黃牛棲息和行為的認知也毫無頭緒。

野黃牛，於香港成群出沒自然環境，造成的影響是好是壞？

野黃牛，於香港日益壯大，會不會有恃無恐，攻擊郊野公園晨昏活動的老弱婦孺？

野黃牛，於香港過於飽和，四處遊蕩，走上公路，對於交通會造成影響？

野黃牛，於香港分布狀況？

野黃牛，於香港的族群和數目？

野黃牛，於香港會產生不安情緒？
野黃牛，於香港會發生彼此毆鬥？
野黃牛，於香港有無帶菌？
野黃牛，於香港有無感染病毒？
野黃牛，於香港和市民健康的互動關係？

我們對於野黃牛仍然一無所知。這種可能毫無研究價值的野黃牛，甚至在世界各地也找不到一份完整的學術報告。

○○○

野黃牛，能夠收集的研究調查文獻有限，在這裡所能做的也只能夠抽絲剝繭，找出可能有關連的野黃牛資料，現在載錄於後，提供參考：

野黃牛，十三世紀於歐洲幾乎絕滅，最後一隻野黃牛於一六二七年在波蘭被

殺。(Grzimek's Encyclopedia of Mammals, 1976)

野黃牛，脊背肉瘤由脂肪和肌肉構成，很有可能是為缺水缺糧而做的儲存準備。(Grzimek's Encyclopedia of Mammals, 1976)

野黃牛，山嶺、灌叢、周期久旱、糧草缺乏地區，其身型會較為矮小。(Grzimek's Encyclopedia of Mammals, 1976)

野黃牛，出沒草生地，極少進入密林，但由於近百年人為幹擾和蓄意獵殺，已習慣夜間活動，並藏身密林。(Mammals of Thailand, 1977)

野黃牛，黃昏出現草生地，平時匿藏落葉林休息。(Mammals of Thailand, 1977)

野黃牛，與逐漸入侵的家黃牛出現雜交現象，故從外形已難以分辨彼此。(Mammals of Thailand, 1977)

野黃牛，棲息次生林，在林間可以找到大約九十種適合覓食的野生植物葉莖。(Hoogerwerf, 1970)

野黃牛，利用人為開墾地和次生林成型區空間生存，推算應該始於舊石器時代。(Wharton, 1968)

野黃牛，由成年公牛領導，以二至二十五隻成群活動，未成年的公牛被允許在牛群活動、又或是自成一派組群，容許同進共退。(Mammals of Thailand, 1977)

野黃牛，脾氣溫和，即使受傷，亦較無攻擊性，但有例外，一九五八年記錄有野黃牛攻擊村民事件。(Mammals of Thailand, 1977)

野黃牛，有與野鹿、野豬共同覓食的記錄。(Mammals of Thailand, 1977)

野黃牛，視力不佳，儘管如此，進食依然十分警覺，會不時擡頭東張西望，提防肉食天敵出現。(Mammals of Thailand, 1977)

野黃牛，經常嗅聞逆風風向氣味，用以辨識敵我，彌補視力不足。(Mammals of Thailand, 1977)

野黃牛，繁殖季節約在五月至六月，母牛二年成熟，每胎可產一至二仔。(Mammals of Thailand, 1977)

野黃牛，圈養壽命大約二十至二十五年，圈養母牛一生可生育二十隻犢牛。(Mammals of Thailand, 1977)

野黃牛，棲息濶葉林，群居，數隻至十數隻成群活動，吃食植物地上部分，喜食幼枝嫩葉。(中國脊椎動物，2000)

野黃牛，棲息濶葉林，竹濶混交林，稀樹草地，無固定地方休息，四處遊盪，活動範圍很廣。(中國經濟動物，1964)

野黃牛，發現不明狀況，會以鼻哼氣，受驚嚇會奔逃，領先逃跑的黃牛會在一

段距離之後停止，等候落後成員再行奔逃。（中國經濟動物，1964）

野黃牛，獨行者均為公牛，嗅覺和聽覺較為靈敏，大胆機智，多行固定路線，發現異況則會繞道而行。（中國經濟動物，1964）

野黃牛，交配期，公牛常有爭雌現象，公牛之間彼此以角撞擊，鳴聲一公里以外可聞，強者可容於牛群，弱者則成為獨行孤牛。（中國經濟動物，1964）

野黃牛，繁殖季節，但凡母牛帶領牛犢，性情特別兇猛，見人會直衝而來，以護其幼。（中國經濟動物，1964）

○○○

中國，地大物博，以農立國。古人，以牛代勞，拉車耕田。古書，早有記載。有說始於秦漢者，也有振振有辭始於遠古而興於秦漢者。關於牛隻記載，黃牛又稱犦牛，色澤不一。唐宋資料豐富，唐有嚴重牛疫，宋多牛產二犢，顯示養牛在當時社會司空見慣，牛和人關係極為密切，不吃牛肉的習俗應該於唐宋大行其道。牛在古代，也成為占卦依據，犢牛誕生順利與否，也成為占卦預言例舉和見證。

古人文獻，提及牛的文獻記載，現在摘錄如下，提供參考：

《井觀瑣言》，宋景文公筆記曰，古者牛惟服車，書曰肇牽車牛易曰服牛乘馬，漢趙過始教人用牛耕，王弼傳易曰，牛稼穡之資是不原漢始牛耕之意，吾宗夾漈先生亦云，求之六經，古牛惟以服車，不用於耕，否則用以祭祀而已，又否則如田單縱火齊王釁鐘而已，以牛為耕，秦漢以上未聞也。

上虞李衍謂，牛耕不始於漢，予意牛耕之利古亦有之，但不如後世之廣耳，耕亦字子牛，而古犁字亦從牛。

《曲禮》，凡祭天子以犧牛，諸侯以肥牛，大夫以索牛，凡祭宗廟之禮牛，曰一元大武。

《埤雅》，孔子曰，牛羊之字以形舉也，牛象角頭三封尾之形，牛土畜也，馬火畜也，土緩而和，火健決躁速，故易坤為牛，乾為馬。

《爾雅翼》，太史公律書，東至牽牛，牽牛者言，陽氣牽同萬物出之也，牛者冒也，言地雖凍，能冒而生也，牛者耕植種物也，淮南子曰，殺罷牛可以贖良馬之死莫之為也，殺牛必亡之數，許叔重以為，牛者所植穀，穀者民之命，是以王法禁殺牛，民犯禁殺之者誅，故曰必亡之數。

《山海經》曰，稷後曰叔均是始耕，郭氏曰，漢武帝用趙過代田之說，用耦犁，二牛三人代田，古法也，后稷始甽田則過之，法有由來矣，景文之說未之盡也。

《本草綱目》，李時珍曰，牛，周禮謂之太牢，牢乃豢畜之室，牛牢大，羊牢小，故皆得牢名，內則謂之一元大武，元頭也，武足跡也，牛肥則跡大，猶史記稱牛為四蹄，今人稱牛為一頭之義。

《本草綱目》，陳藏器曰，牛有數種，本經不言黃牛烏牛水牛，但言牛爾，南人以水牛為牛，北人以黃牛烏牛為牛，牛種既殊，入用當別。

《本草綱目》，李時珍曰，牛有㹇牛水牛二種，㹇小而水牛大，㹇有黃黑赤白駁雜數色。

《本草綱目》，牛齒有下無上，察其齒而知其年，三歲二齒，四歲四齒，五歲六齒，六歲以後每年接脊骨一節也，牛耳聾，其聽以鼻，牛瞳豎而不橫，其聲曰牟，項垂曰胡，蹄肉曰衛牛，百葉曰膍，角胎曰腮，鼻木曰拳，嚼草復出曰齝，腹草未化曰聖虀，牛在畜屬土，在卦屬坤，土緩而和，其性順也。

《本草綱目》，陶弘景曰，㹇牛為勝，青牛為良，水牛惟可充食，日華曰，黃牛肉微毒，食之發藥毒動病，不如水牛，孟詵曰，黃牛動病，黑白尤不可食，牛者稼穡之資，不可多殺，若自死者，血脈已絕，骨髓已竭，不可食之。

《本草綱目》，陶弘景曰，犢牛乳佳，蘇恭曰，犢牛乳性平，生飲令人利，熱飲令人口乾，溫可也，陳藏器曰，黑牛乳勝黃牛，凡服乳必煮一二沸停，冷啜之，熱食即壅。

《宋史五行志》，乾德三年眉州民王進生二犢，四年南克縣及相如縣等家牛生二犢，開寶二年九隴縣民王達牛生二犢，太平興國三年流溪縣民自延進牛生二犢，五年溫江縣民趙進牛生二犢，六年廣都縣趙全牛生二犢，七年什邡縣華陽縣等牛生二犢，八年彭州閬州樂縣等牛生二犢，九年七月知乾州衛昇獻三角牛，雍熙三年果州民李昭牛生二犢，四年鄞縣眉山縣仁壽縣成都縣紀縣等牛生二犢，端拱元年眉州晉原縣魏城縣羅江縣陽縣曲水縣潼縣永泰縣竹縣等牛生二犢。

《宋史五行志》，元祐元年距元符三年郡國言，民家牛生二犢者十有五。

《宋史五行志》，重和元年三月陝州言牛生麒麟，宣和二年十月尚書省言歙州歙縣民鮑珙家牛生麒麟，三年五月梁縣民邢喜家牛生麒麟。

《宋史五行志》，政和五年七月，安武軍言郡縣民范濟家牛生麒麟。

《墨莊漫錄》，政和丁酉歲，真州郊外一家屠一牛，買肉歸者往往於刲割之際，錚錚有聲，視之於肉脈中皆有舍利也，大小不一，光瑩如玉，詢之數家皆有之，自爾一村之民不復食牛。

《雷州府志》，陷湖在遂溪縣東南七十裡，周圍十餘里，其泉極清，故老傳云古係托寗二村，唐時有一白牛入於本村，村人共殺食之，惟一老嫗不食，一日天降大雨，二村俱陷。老嫗携一傘竹杖乘雨而走，回望地陷不已，遂以傘竹插地，陷乃止，二村人民無一存者。

《真臘風土記》，真臘牛甚多，生敢騎，死不敢食，亦不敢剝其皮，聽其腐爛而已，以其與人出力故也，但以駕車耳。

《田家雜占》，凡牛退齒，每每不得而知，見若有見其齒已脱在口，候而得之者大吉利，主三年內大發。

《搜神記》，桓帝延熹五年，臨沅縣有牛生雞，兩頭四足。

《晉書五行志》，元帝建武元年七月，晉陵陳門才牛生犢一體兩頭，按京房易，傳言牛生子二首一身，天下將分之象也，是時湣帝蒙塵於平陽，為逆胡所殺，元帝即位江東，天下分為二是其應也。

《晉書五行志》，太興元年，武昌太守王諒牛生子，兩頭八足兩尾共一腹，三年後死，又有牛一足三尾，皆生而死，按司馬彪說，兩頭者，政在私門上下無別之象也，京房易傳曰，足多者所任邪也，足少者不勝任也，其後王敦等亂政，此其祥也。

《五行志》，成帝咸和二年五月，護軍牛生犢兩頭六足，是冬蘇峻作亂。

《靈微志》，世宗景明二年五月，冀州上言，長樂郡生犢，一頭二面二口三目三耳。

《隋書五行志》，業初，恆山有牛，四腳膝上各生一蹄，其後建東都築長城開溝洫。

《五行志》，開元十五年春，河北牛大疫。

《唐書五行志》，大曆八年，武功櫟陽民家牛生犢二首，貞元二年牛疫。

《唐書五行志》，貞元七年，關輔牛大疫，死者十五六。

《唐書五行志》，光啟元年，河東有牛人言其家，殺而食之。

〇〇〇

香港本島，沒有野黃牛。我們並不知道香港本島的野黃牛為什麼絕滅。

新界九龍半島和大嶼山離島，卻廣泛分布族群大小不一，數目鮮為人知的野黃牛。野黃牛，成群或單獨，在海灘、平地、河谷、農田、果園、山麓、陡坡、山澗、林道、丘陵、山腰、山脊，甚至海拔九百公尺以上的高地，遊走活動，進出針葉林、落葉林、次生林、草生地、矮灌叢、芒草堆，晝夜活動，行雲流水，飄忽不定，簡直難以捉摸。

野生動物保護基金會，於二〇〇〇年九月開始調查香港哺乳類野生動物。由安裝在山頭森林二百部紅外線熱感應自動相機，追踪拍攝哺乳類野生動物的分布和行為模式。

由於已知野黃牛遍布新界地區和大嶼山離島，該地相機的位置也就儘量避免安裝在開濶獸徑，以防重複拍攝一再經過的野黃牛族群，造成計算偏差。出乎意料之外，即使是偏遠狹窄的隱秘獸徑，野黃牛依然牛來牛往，充分利用。紅外線熱感應自動相機收集到的野黃牛資料，相信對於日後香港地區野黃牛棲息環境學術研究，具有一定幫助。

二〇〇〇年九月至二〇〇三年四月止，安裝在香港山區的紅外線熱感應自動相機，記錄野黃牛資料一百五十六筆（以群體單位計算）。計新界九龍半島一百三十一筆，大嶼山離島二十五筆。記錄資料卻無法正確顯示牛群數目，亦無法辨識牛群或孤牛，乃美中不足。

關於野生動物保護基金會記錄野黃牛資料，現在節錄於後，提供參考：

一、香港本島

野黃牛，至今在香港本島沒有任何發現記錄。

二、新界九龍半島

野黃牛，於東北區域白晝開始活動最早時間一筆。06:31。

野黃牛，於東北區域黃昏暫時結束活動最遲時間二筆。17:41, 17:56。

野黃牛，於東北區域入夜繼續開始活動最早時間三筆。18:08, 18:33, 18:58。

野黃牛，於東北區域夜半結束活動最遲時間一筆。04:07。

野黃牛，於東北區域全日活動高峰時刻三段。09:00 – 12:00 七筆，13:00 – 14:00 四筆，15:00 – 19:00 十二筆，23:00 – 24:00 三筆。

野黃牛，於東北區域與赤麂同行記錄一筆。

野黃牛，於東北區域大量聚集活動記錄達六十四隻。

野黃牛，於中西區域白晝開始活動最早時間三筆。07:01, 07:24, 07:57。
野黃牛，於中西區域黃昏暫時結束活動最遲時間二筆。17:22, 17:27。
野黃牛，於中西區域入夜繼續開始活動最早時間三筆。18:13, 18:17, 18:26。
野黃牛，於中西區域夜半結束活動最遲時間一筆。03:40。
野黃牛，於中西區域全日活動高峰時刻一段。12:00 – 17:00 二十四筆。
野黃牛，於中西區域置身風雨出沒覓食記錄四筆。
野黃牛，於中西區域與野豬同時同地進食記錄一筆。

野黃牛，於東南區域白晝開始活動最早時間二筆。06:02, 06:31。
野黃牛，於東南區域黃昏暫時結束活動最遲時間二筆。17:46, 17:52。
野黃牛，於東南區域夜半結束活動最遲時間一筆。02:54。
野黃牛，於東南區域全日活動高峰時刻一段。15:00 – 16:00 二筆。
野黃牛，於東南區域置身風雨出巡覓食記錄七筆。
野黃牛，於東南區域與流浪狗同行記錄一筆。

野黃牛，於西北米埔區域並無記錄。

野黃牛，於東區垃圾收集站爭食垃圾記錄一筆

野黃牛，於東區僅有記錄一筆。13:54。

三、大嶼山離島

野黃牛，於西區白晝開始活動最早時間一筆。07:15。

野黃牛，於西區黃昏暫時結束活動時間二筆。17:28, 17:50。

野黃牛，於西區夜晚繼續開始活動時間一筆。18:15。

野黃牛，於西區夜半結束活動最遲時間一筆。03:19。

野黃牛，於西區全日活動高峰時刻三段。07:00 — 08:00 三筆，12:00 — 13:00 六筆，16:00 — 18:00 八筆。

野黃牛，於西區公牛互相毆鬥記錄一筆。

野黃牛，於西區公路路面大量聚集記錄達二十三隻。

○
○
○

海邊，有一條公路。

公路，由東向西，沿大嶼山南麓海岸，分隔着山與海，連接了村與鄉，把人煙稀疏的點，畫成一條線。寥寥無幾的村民，往日就賴着這條線，來來去去，耕田捕魚，日出而作，日落而息；或在彼此寥落的村莊，進進出出，喝茶打屁，消磨光陰，聊度餘生。

公路，靜得發瘟，就連飛越駐足的蒼蠅也感覺悶得發慌。幾隻土狗，奇形怪狀或四腳朝天，躺在路面，呵欠連天，一整天的大事就是站起來，移步路邊，觀賞每天只有幾趟的老舊公車，拖着一屁股的黑煙，鄭重其事，就在公路出現又消失。

○
○
○

公路，走着一群野黃牛。

野黃牛，想都想不起來，那究竟是始於何年何月何日？種田的老農，不再耕耘。年輕力壯的村農也都自我增值，接二連三，相繼轉業。田，早就荒蕪。牛，早就棄養野放。解放的黃牛，一窩蜂，朝山脊，向上提升，自我放縱，洋洋得意，三五成群，興高采烈。就這麼幾十年的晃眼即過，恍似隔世，彷如時光倒退七千年，野黃牛再度捲土重來，世代相傳，已經儼然以本土化大型哺乳類野生動物遍野自居，穿林越地，逍遙自在，惟我獨尊，天下無敵。

野黃牛，想都想不起來，那究竟是始於何年何月何日？公路的路面，忽地公車多起來了。聽説，在長沙泳灘附近轉彎，走上東涌道，翻越大山，就可以通往飛機起降，絡繹不絕，班次頻密，交通繁忙，人來人往的赤鱲角新機場。聽説，大嶼山因而形成人類的旅遊重點，周末假期，客似雲來，搭車乘船，爭先恐後，雷同趕集，一定要到寶蓮禪寺去瞻仰世界最高最大的青銅大佛。人，趨之若鶩。人，越來越多。

野黃牛，不知其所以然。野黃牛只知道現在公路的路面，已經淪陷給公車、淪陷給警車、淪陷給各式各樣的工程車，最氣人的是還得要淪陷給那些增值轉業、有錢就買車的年輕鄉下人。野黃牛，卻很清楚，現在公路的路面，白天就是汽車的天下。汽車呼嘯而來，汽車揚長而去，沙塵滾滾，熱風陣陣。那邊的土狗，再也不敢睡在公路的路面了，就連蒼蠅也不肯駐足。這哪成世界，這像什麼話，這條公路本來就是牛走的路嘛。從前，哪一條牛不是這麼大搖大擺的走在公路上。從前，又有哪一條牛沒有睡過公路、沒有尿過公路、沒有屎過公路啊。是吧，就連那邊幾趟一屁股黑煙的公車，都得要理讓三分，不是嗎？

野黃牛，不知其所以然。野黃牛只知道現在不同了。現在只有清晨和黃昏，才是牛群可以走上路面，哈啦打屁，散步晃蕩，躺下來小睡片刻的時候。野黃牛，走在公路，越想越生氣，氣到一屁股大便。野黃牛，決定以糞示怒，抗議汽車占用公路的路面。左一陀，右一陀，前一陀，後一陀。公路，一下子，就鋪滿了牛大便。

白天的汽車，呼嘯而來，一攤又一攤，壓扁路面的牛大便。

白天的汽車，揚長而去，一片又一片，輪胎沾滿了牛大便。

野黃牛，躲在樹林，暗自竊笑，誰教汽車要霸占屬於我們的公路面。

○○○

目標一致的兩隻黑公牛。

長沙泳灘的防風林，悄悄地走出一隻孤牛。這是一隻方才成熟的黑公牛。

黑公牛，站在路旁，先是威風凜凜，然後是探頭張望，就在確定沒有來車，急急忙忙，已經穿越公路，做深呼吸，重新擺出一副威風凜凜的姿態，大步邁向就在眼前那個路邊的垃圾收集站。

長沙泳灘防風林的那端，也站出來一隻孤牛。那是一隻差不多年歲、幾近成熟邊緣的黑公牛。

黑公牛，先是紋風不動，然後左右環顧，突然快速穿越公路，大口吁氣，同樣地重新擺出一副雄壯威武的德性，逕朝那邊不遠之處的同一個垃圾收集站，步步接近。

兩隻黑公牛，相向而行。兩隻黑公牛，心裡都明白，現在就是旁邊那家大戶的菲傭，準備出來扔垃圾袋的時間了。兩隻黑公牛，腦筋團團轉，都在想着今回的垃圾袋裡面，不知道又會裝些什麼肉汁魚骨，牘菜飯粒的，那可是山珍海味，那可是踏破鐵鞋無尋處，千載難逢的美食佳餚啊。

果然，菲傭拎着沉甸甸、顏色熟悉、黑色的大膠袋，正往這邊走。

她丟下膠袋，揑着鼻子摀着嘴。

她扭頭就走，瞅也不瞅黑公牛。

她消失在那家大戶，門禁森嚴的大門裡。

她是看見有兩隻黑公牛，然而視若無睹。

她認為她和黑公牛根本就是活在兩個不同的世界，她吃她的飯，牠食牠的草，牛馬其風，毫不相干。

兩隻黑公牛，哪裡會顧得到菲傭的反應。兩隻黑公牛，又哪裡能看見膠袋而坐失良機。黑公牛，箭步上前，左右抄包。

你撕我扯。

你揪我拽。

你拉我拖。

你挖我掏。

你掀我揭。

你搜我揀。

黑色的大膠袋，轉眼就破了好幾個大洞。洞越來越大，垃圾越掉越多。兩隻黑公牛互不理睬，專心咀嚼，咬咬吃吃，咕咚咕咚，大口大口，就連膠袋也都吞噬起來了。

○ ○ ○

不知道就在什麼時辰，兩隻黑公牛全都不見了。聽說黑公牛各自又回到各自的防風林。

兩隻黑公牛，誰也記不起來那幕囫圇吞食黑色大膠袋的細節，那只不過是數之不清的其中一次垃圾爭奪戰。

〇〇〇

風，徐徐吹掠。

袋，香聞十里。

長沙泳灘防風林兩端的黑公牛，又再蠢蠢欲動了。

野黃牛(*Bos taurus*)
於新界九龍半島日常活動模式

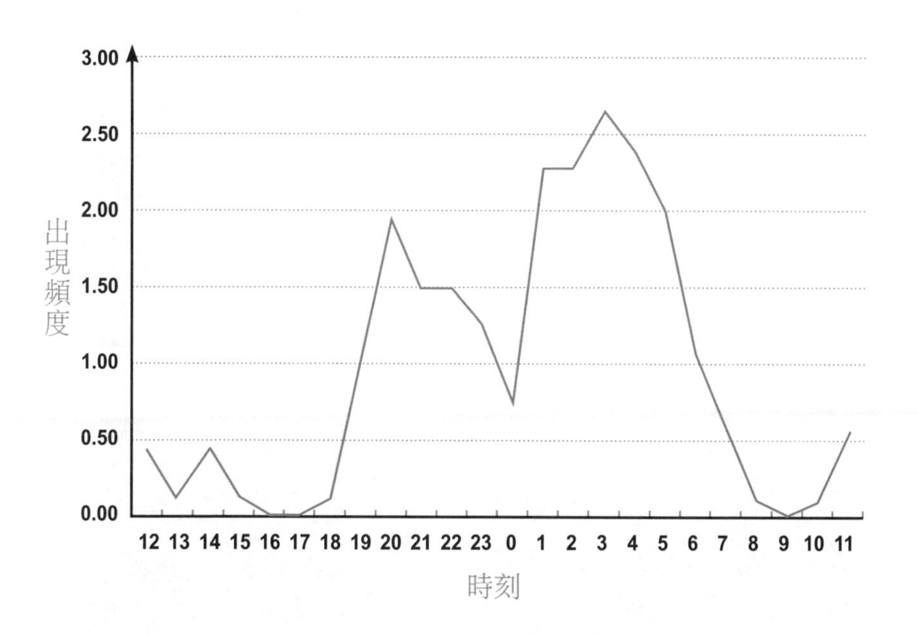

出現頻度 Occurrence Index (OI)

指每一千個相機工作小時內所拍得的動物個體數

$$OI=\frac{\text{所拍得的動物個體數} \times 1000}{\text{該動物出現地區的相機有效工作時數}}$$

新界九龍　時間：08:20(牛狗同行圖一)　紅外線熱感應自動相機拍攝

新界九龍　時間：08:20(牛狗同行圖二)　紅外線熱感應自動相機拍攝

野黃牛 (*Bos taurus*)
於大嶼山離島日常活動模式時刻

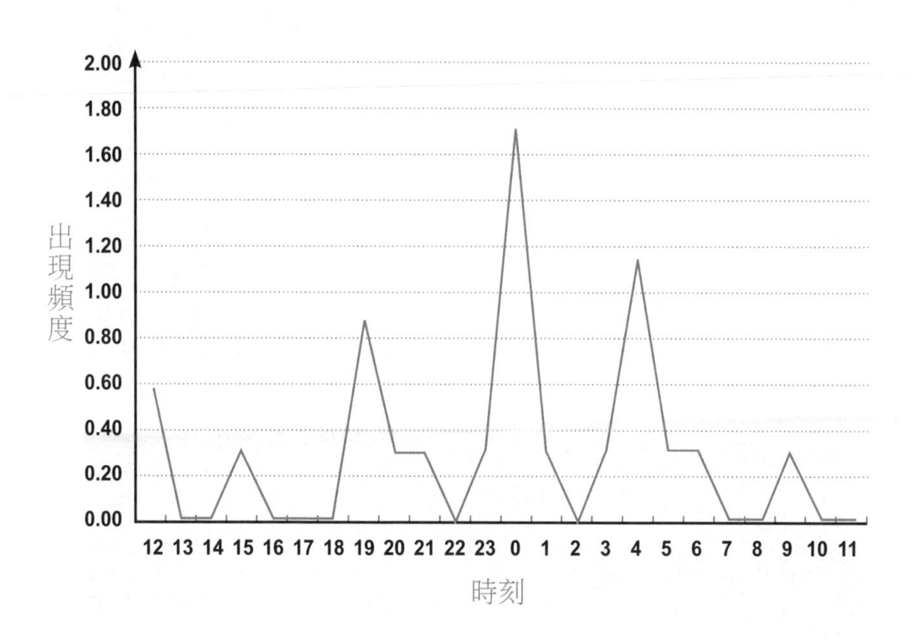

出現頻度 Occurrence Index (OI)

指每一千個相機工作小時內所拍得的動物個體數

$$\text{OI}=\frac{\text{所拍得的動物個體數}\times 1000}{\text{該動物出現地區的相機有效工作時數}}$$

新界九龍　時間：21:14(夜行)　紅外線熱感應自動相機拍攝

新界九龍　時間：16:25(大雨)　紅外線熱感應自動相機拍攝

新界九龍　時間：14:05　紅外線熱感應自動相機拍攝

新界九龍　時間：08:54　紅外線熱感應自動相機拍攝

新界九龍　時間：23:02(夜行)　紅外線熱感應自動相機拍攝

新界九龍　時間：00:36(夜行)　紅外線熱感應自動相機拍攝

新界九龍　時間：21:13(夜行)　紅外線熱感應自動相機拍攝

新界九龍　時間：03:40(夜行)　紅外線熱感應自動相機拍攝

大嶼山離島　時間：15:32(大雨)　紅外線熱感應自動相機拍攝

大嶼山離島　時間：00:29(大雨夜行)　紅外線熱感應自動相機拍攝

新界九龍　時間：15:49(大雨)　紅外線熱感應自動相機拍攝

大嶼山離島　時間：13:39(大雨)　紅外線熱感應自動相機拍攝

大嶼山離島　時間：13:52　紅外線熱感應自動相機拍攝

新界九龍　時間：00:41　紅外線熱感應自動相機拍攝

新界九龍　時間：13:24　紅外線熱感應自動相機拍攝

新界九龍　時間：13:27　紅外線熱感應自動相機拍攝

大嶼山離島　時間：13:37　紅外線熱感應自動相機拍攝

新界九龍　時間：15:01　紅外線熱感應自動相機拍攝

大嶼山離島　時間：07:54　紅外線熱感應自動相機拍攝

新界九龍　時間：18:55(大雨夜行)　紅外線熱感應自動相機拍攝

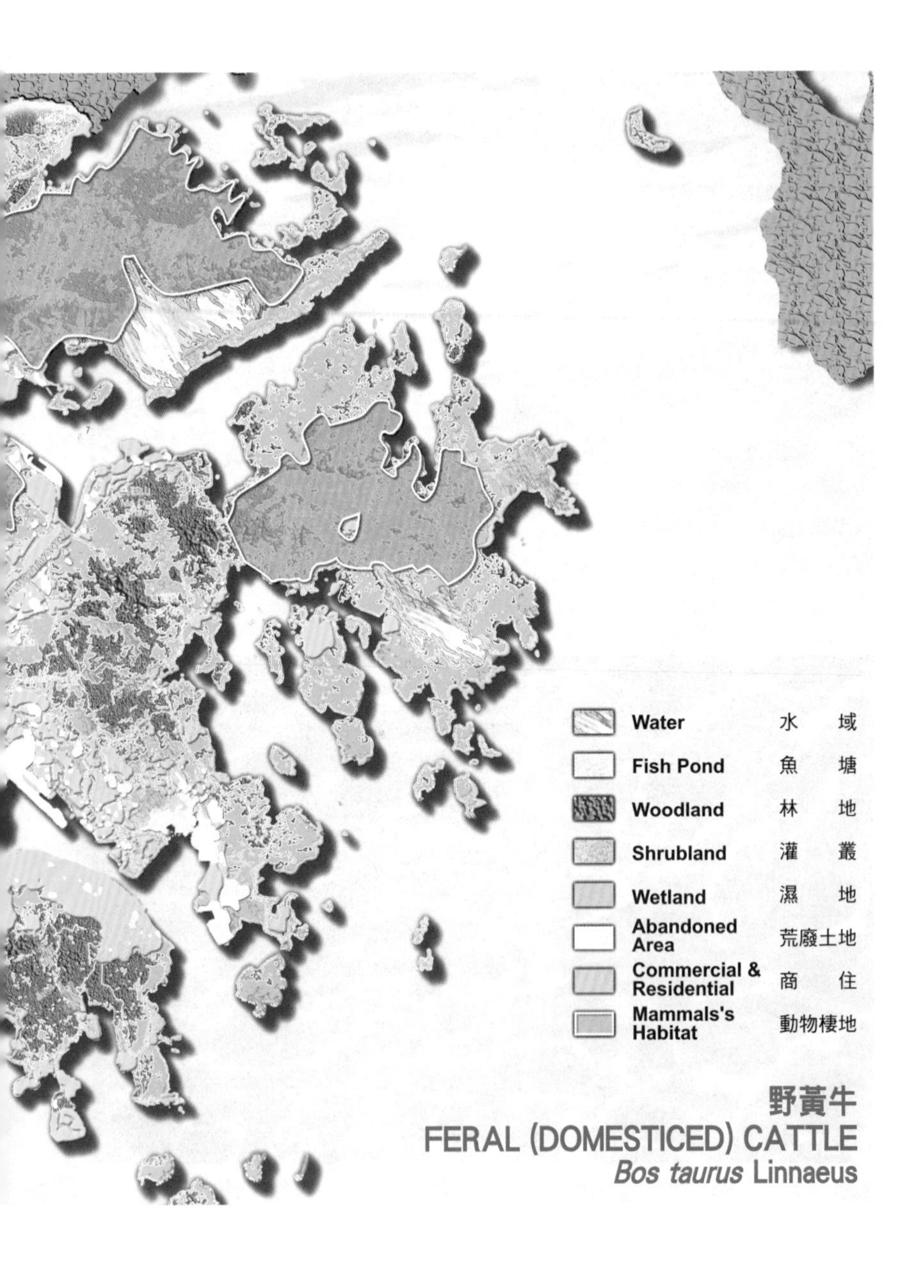

野黃牛
FERAL (DOMESTICED) CATTLE
Bos taurus Linnaeus

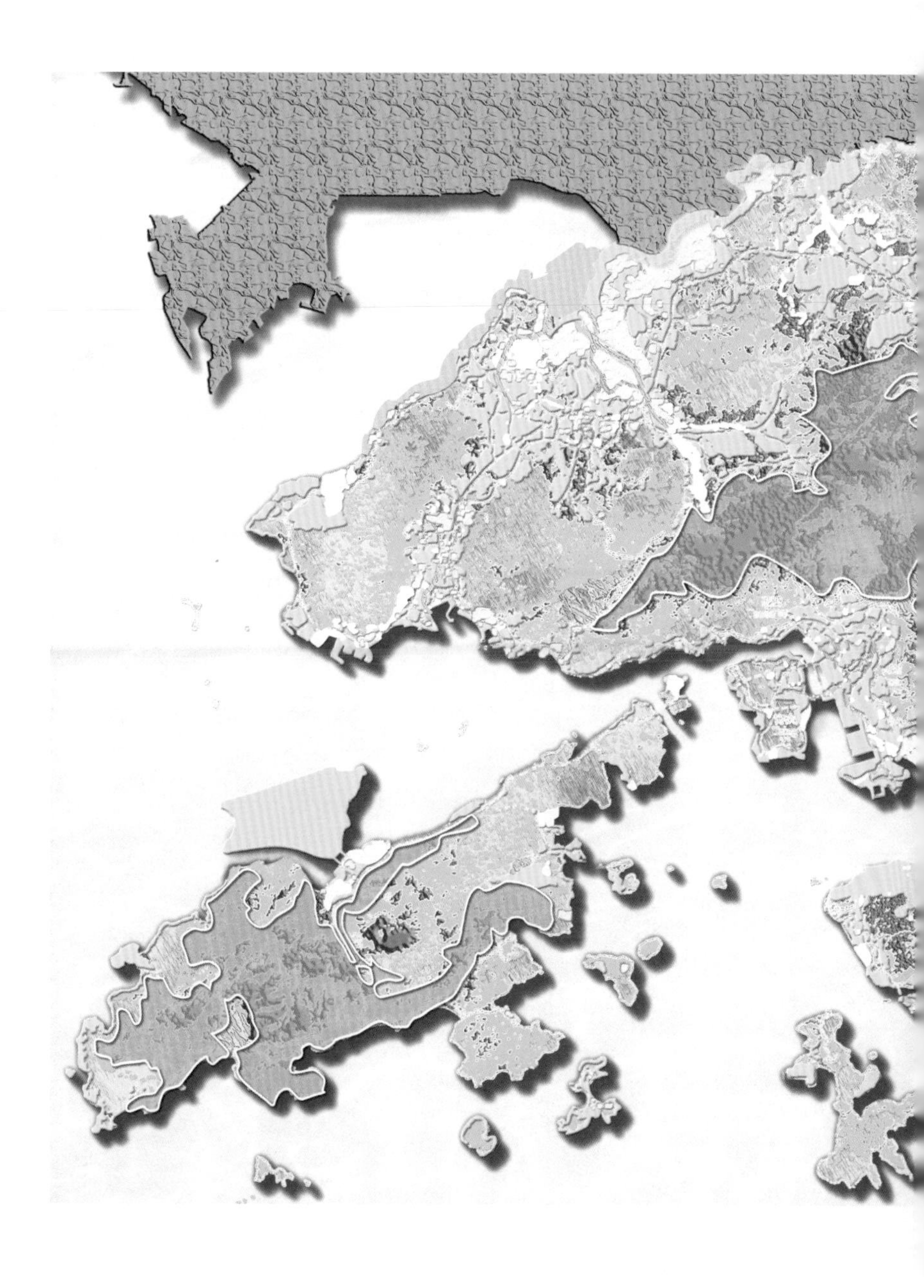

彼此都恨自己生不逢時

野水牛

FERAL (DOMESTICED) WATER BUFFALO

Bubalus bulalis Linnaeus

體重：800－1200公斤

體長：240－280公分

尾長：60－85公分

肩高：160－190公分

懷孕期：10－11個月

壽命：20－25年

○○○

野水牛，擠在泥潭，渾身裹滿泥漿。
大嶼山，只有這裡，才可能有泥潭。

泥潭和泥潭，偶爾連接着泥溝。稠濃糊黏的泥水，就是這樣緩慢滾動，在潭和潭之間，徘徊不去。

八哥，踩在高吊泥潭頂端的電線，排成一列，齊齊俯視擠在泥潭的野水牛，再看看角落忙碌理羽振翅的牛背鷺，狀似興奮，畢竟擠在泥潭的野水牛已經全部站起來了。

牛，逐漸散開，邁向油綠。
鳥，高飛低掠，各就各位。
揪拽拔扯，牛開始啃噬咀嚼。
啄叼啣嗑，鳥努力貼身覓食。

牛和鳥，各自忙碌，各施其謀。

○○○

野水牛，待在泥潭裡，全身裹滿泥漿。

大嶼山，聽說只在這塊地才有山芋和浮萍。高低起伏，疏密不均，山芋和浮萍就是這樣，在潭與潭、溝與溝之間，四散瀰漫。這塊地，油綠一片，既像濕地，又似沼澤，誰也搞不清楚究竟是自然形成，還是人工塑造，只知道綠油油覆蓋的地，盡是深淺不一的稀泥巴醬，也只有野水牛能夠進出泥潭，輕而易舉，濶步遊蕩，又或者乾脆就待在泥潭，翻來覆去。

那頭，炊煙裊裊，雞啼狗吠，貓喵豬叫，伴着蟲啾蛙鳴，鴨鵝齊聲聒噪唱。

○○○

野水牛，待在泥潭裡，全身裹滿泥漿。

大嶼山，聽說只在這塊地才有肥沃的土壤。嫩草，沿泥潭周圍蔓延，將油綠細織青翠，區隔一旁高低寬窄比鄰而立的村屋。嫩草，又朝防風林鋪去，填充青翠，劃分海灘的白沙和油綠的這塊地。海潮，拍打白沙，澎湃作響。鹽分飽和的海風，吹來陣陣漲潮的訊息。只見清澈見底的河口，快速地倒灌海水，帶來魚群濟濟。一邊掀起的河床淤泥，則一股腦地推擠向這塊地的邊緣。鹽，從泥塊滲進泥溝和泥潭，鹹味充斥。綠油油的大片嫩草，就是這樣，全都浸淫在潭與潭和溝與溝之間，爭先恐後，嘗試在丁點的鹽分裡面體驗大海的神秘。

野水牛，早就已經從這頭，悄悄橫越馬路，穿過村屋，走向這塊地的那一頭，甩起尾巴，嚼起青草，邊吃邊走，移步海灘，嗅起海風，似乎若有所思。

○

○

○

野水牛，待在泥潭裡，全身裹滿泥漿。

大嶼山，聽說只在這塊地才有野水牛。牛，一律牛頭朝外，毫無表情，圍成陣式，曲膝坐臥或站立。長幼成群，閉目養神。看來，那隻為首面向公路的野水牛，應該就是頭目了。

可能是假日，加班公車忙碌奔波，一車又一車，聽說載的都是特地從城市趕來這裡，選擇沙灘度假的年輕人。

年輕人，一波又一波，跨越公路，經過村屋，來到沙灘，急急忙忙，開始進行各自早已編排的社交節目。游泳，日晒，打球，談心，釣魚，遛狗，慢跑，野餐，燒烤，撿貝殼，捉螃蟹。可就沒有一個打從城市來的年輕人，會對野水牛投以好奇眼光。也就沒有一個打從城市來的年輕人，會指着野水牛品頭論足。即使沙灘堆起笑臉、做起買賣的村民，對於走完了躺下來，躺完了站起來，站完了走幾步的野水牛，毫無感覺，也毫不理會。野水牛，全都看在眼裡。野水牛，很早就知道，住在村屋的村民早就轉業，不再務農，早就已經不務正業了。野水牛，老早就清楚，就是這樣，就在大嶼山，就再也看不見水田了。水牛，無家可歸。水牛，都只得迎風尋找彼此的騷臭味，從老遠的四面八方，來到這塊地，世代相傳，守望相助，落地生根，哪裡都不去，哪裡也都不能去。

曾幾何時，水牛就在這塊地，搖身變成野水牛。

○○○

水牛，性情溫馴。野水牛，貌非善類。牛，無不頭大耳小，眼圓鼻突。頭角長而粗扁，凹凸不齊，形同鋼鋸。牛，碩大無朋，結實有力，四肢粗壯，尾短圓細，皮囊厚硬，全身覆有黑灰剛毛。牛，穩如泰山，靜如處子，動如脫兔，一眼就讓人感覺牛不可貌相。牛，猶如黑熊，頸下飾有灰白V型圖紋，怵目驚心。

野水牛，不再是往日耕田拉車，獨處一隅，任聽使喚的家水牛。

野水牛，已經是聚集成群，行為詭譎，晝夜出沒的本土化大型哺乳類野生動物。

野水牛，俗稱犎牛、蜚牛。英文叫做Feral(Domesticed)Water Buffalo，東南亞一般直呼其名為Wild Water Buffalo。

水牛，分類成偶蹄目/反芻亞目/牛科/牛屬物種。目前已知有五個亞種。野水牛，棲息南亞洲和東南亞，族群朝東延伸至中國大陸，據說冰河末期更向西推進，經過美索不達米亞，出現北非洲，甚至抵達歐洲大陸。

水牛，西元前遠古社會已被人類圈養，已經馴化。

水牛，近代因為種種原因，又被野放，已經還原成為大型哺乳類野生動物。

野化的野水牛，數以百計，成群出沒沼澤地區。

野化的野水牛，亞洲時有報導，澳洲、巴西、中美、南歐、地中海、馬達加斯加、南非也偶有發現。

野化的野水牛，棲地零碎而不完整，無論身在何方，無論是野水牛、是馴化過的野水牛、還是野放之後的野水牛，面目全非，難以分辨，幾乎混淆不清。

世界自然保護聯盟 IUCN，卻認為野水牛屬於瀕危物種，理應受到保護。

○○○

野水牛，有人研究，卻不深入。

野水牛，野化族群棲息沼澤濕地，究竟需要多大範圍，卻不受重視。

野水牛，棲息沼澤濕地，是否應該立法保護，卻避而不談。

野水牛，行為探討，卻無人問津。

野水牛，相關資料，少之又少。

○○○

野水牛，能夠收集的研究調查文獻有限。可能有關連的野水牛資料，現在載錄於後，提供參考：

野水牛，偏好方便進出的疏落森林、蠻荒大草原，卻堅持靠近沼澤，方便泥浴。(Mammals of Thailand, 1977)

野水牛，經常全身裹以泥漿，防止昆蟲叮咬，喜歡在溪河奔馳，藉以冷卻體溫或沖洗附身的蝨蚤昆蟲。(Mammals of Thailand, 1977)

野水牛，草食，偶也食葉，偏好躺進泥洞或水源附近的厚軟草地休息，如遇騷擾則走進樹林，喜好選擇濃蔭遮蔽的環境棲身。(Mammals of Thailand, 1977)

野水牛，雄性會挑戰身材較矮而行為較笨的雄性家水牛，將其趕走或殺害，再與其餘母牛進行雜交。(Mammals of Thailand, 1977)

野水牛，雄性喜好展示實力，如遇陌生人或其它大型哺乳類動物經過，會以前蹄頓踏地面、或作勢挖掘示警，並蓄意攻擊。(Mammals of Thailand, 1977)

野水牛，受傷之後，會堅持尋仇，橫衝直撞，攻擊力強，記憶力驚人。(Mammals of Thailand, 1977)

野水牛，遇陌生者接近，即比肩橫排成列，將幼牛隔離於後，並逐步前進逼敵。(Mammals of Thailand, 1977)

野水牛，沉默寡言，極少吼嘯，多以哼聲聯絡，或付諸行動。(Mammals of Thailand, 1977)

野水牛，數以百計群聚，有記錄可查。(Mammals of Thailand, 1977)

野水牛，發情期約在雨季之後的十月至十一月，懷孕期十個月，次年雨季生產。(Mammals of Thailand, 1977)

野水牛，汗腺極不發達，必須靠水散熱，故棲息水流區域，性喜游水及泥浴，故稱之野水牛。(中國獸類踪跡，2000)

野水牛，群棲，晨昏活動，吃青草，竹葉，嫩葉，稻草，並好吃鹽分。(中國獸類踪跡，2001)

野水牛，常以身體摩擦樹幹，剔除身上乾涸泥塊，屬於真擦皮動物。(中國獸類踪跡，2001)

野水牛，吃食花草苗木，藥草，沼澤植物，水生植物。(Grzimek's Encyclopedia of Mammals, 1976)

野水牛，幼牛會成為老虎和花豹獵食對象。(Grzimek's Encyclopedia of Mammals, 1976)

○○○

水牛，中國古代江南地方普遍圈養，水牛負犁耕田，水牛拉車載重，時有所聞。中國古書卻對於江南水牛的形容和描述含糊其辭，推論應該是和改朝換代、定都不一的地理位置有所關連。江南水牛也就理所當然，和北方黃牛相提並論，不了了之。

古人文獻，提及牛的文獻記載，現在摘錄如下，提供參考：

《山海經》，東山經，蜚，其狀如牛而白首，一目而蛇尾，行水則竭，行草則死，見則天下大疫。

《山海經》，東山經，蜚，行動迅速如飛。

《詩經》，魯頌．閟宮，白牡騂剛，犧尊將將。

《本草綱目》，東藏器曰，牛有數種，南人以水牛為牛，北人以黃牛烏牛為牛。

《本草綱目》，李時珍曰，牛有犦牛水牛二種，犦牛小而水牛大，水牛色青蒼，大腹銳角，其狀類豬，角若担矛，能與虎鬥，亦有白色者鬱林，人謂之州留牛。

《本草綱目》，涼食經云，患冷人勿食，蹄中巨筋多食令人生肉刺。

《本草綱目》，陶弘景曰，水牛乳作酪，濃厚勝犢牛，造石蜜須之。

○○○

野水牛，乃經過馴化、棄養、野放、再野化的家水牛。

一九四一年，麥克葛雷高 Mac Gregor 發表，將這類野水牛分成兩個種群：

一、東亞沼澤型野水牛。全身旋毛長而明顯，活動遍布泥漿水坑的沼澤地帶，偏愛翻滾泥濘，散熱除蟲。

二、印度次大陸江河型水牛。成群聚集，活動清水河溪或水塘區域，藉奔馳或游泳，散熱除蟲。

兩者體型和習性相似，即使染色體數目形態亦相等，故不易辨認。

○○○

野水牛家化，始於何時？源自何地？學者亦多自說自話，理據不足，純屬個人言論。

一九四八年，克拉特 Klatt 發表，認為野水牛家化源自美索不達米亞。

其後，有一些學者先後發表，野水牛家化應該源自印度次大陸。因為摩亨卓－達羅 Mohenjo-daro（西元前二五〇〇年至一五〇〇年）出土的一顆印章刻有水牛形象。

一九五六年，林頓 Linton 發表，認為野水牛家化源自東南亞。

一九六三年，賽烏內爾 Zeuner 發表，認為野水牛家化源自中國南方，又或來自中南半島。

一九八四年，周本雄發表、以及一九八五年，謝成俠發表，指出中國南方於新石器時代，主要家畜已經包括水牛。野水牛家化應該源自長江流域、又或是源自長江流域偏南地區。四川萬縣發現中更新世紀的水牛化石。黃河下游亦紛紛出土新石器時期的水牛牛骨。牛骨，可能佐證野水牛家化於西元前六〇〇〇年至四〇〇〇年，源自黃河下游流域的說詞。

水牛，力大無窮，挽力可達三百公斤，極適宜耕作具有黏性土質的水稻田。長江下游流域，水草茂密，土壤有利水稻生長，故長江下游的野水牛家化和水稻家化栽培過程，應屬同一時期。

水牛，唐代稱為牶牛，雲南通海以南的牶牛，數以一千至兩千隻群聚活動，場面壯觀，聲勢浩大。

〇〇〇

香港野水牛，幾乎都是沼澤型水牛，又或者是和江河型水牛雜交的混合種水牛。

香港野水牛，都是早已退役，棄養野放，不需要犁田，不需要拉車，肉既不好吃，乳汁也不多，物競天擇，重新野化，最後終於找到沼澤濕地，群聚而生存下來，曾經是家化水牛的野水牛。

香港野水牛，究竟從何時何地開始棄養野放，究竟棄養野放多少數目，無據可考。

香港野水牛，農民飼養水牛，一向不需要申領牌照，故香港野水牛缺乏統計數字。

香港野水牛，乏善可陳，棲地選擇和行為模式的學術研究，無人嘗試，學者興致缺缺。

香港野水牛，政府對於沼澤濕地必須進行大型基建所要求的環境評估，也刻意省略審核工程對於野水牛棲地可能造成的破壞程度、對於野水牛行為變異可能產生的影響、甚至是令人錯愕大規模遷徙模式的發生可能性。

香港野水牛，成為香港政府建設局和路政司、以及香港學術界和環保團體，視若無睹，漠不關心，不聞不問，推諉塞責的活化石。

香港野水牛，即將因為棲地急遽萎縮，族群日益膨脹，可能舉家遷徙，突破重圍，造成不必要的傷亡和損害。

香港野水牛，盤據已經小得不成比率的棲地和僅存的罕見沼澤濕地，是到了必須亡羊補牢，必須正視，必須解決，可能必須保護，可能必須立法，刻不容緩，燃眉之急的時候了。

○　○　○

野生動物保護基金會，於二〇〇〇年九月開始調查香港哺乳類野生動物。由安裝在山頭森林二百部紅外線熱感應自動相機，追踪拍攝哺乳類野生動物的分布和行為模式。

二〇〇〇年九月至二〇〇三年四月止，於山區森林拍攝記錄並未發現任何野水牛踪跡，資料証實香港野水牛僅僅活動於平原廢耕地附近的沼澤濕地。由目視得到記錄研判，香港野水牛目前僅殘留分布成為兩個族群，分別活動在新界地區的七公頃廢耕地、大嶼山離島九公頃廢耕地，形同禁錮。

關於野生動物保護基金會記錄野水牛資料，現在節錄於後，提供參考：

一、香港本島

野水牛，至今在香港本島沒有任何發現記錄。香港本島找不到適宜棲地，缺乏沼澤地，廢耕地從缺，性喜群聚水源的野水牛從此絕跡。

二、九龍半島

野水牛，至今在九龍半島沒有任何發現記錄。九龍半島完全發展成為工商住家用地，不可能再找到任何適合棲地，故野水牛從此絕跡。

三、新界地區

野水牛，於東北區域無活動記錄。山嶺層疊，野黃牛普遍分布，並無野水牛踪跡。

野水牛，於中西區域無活動記錄。次生林茂密，野黃牛普遍分布，並無野水牛踪跡。

野水牛，於東南區域無活動記錄。灌木林櫛比鱗次，野黃牛普遍分布，並無野水牛踪跡。

野水牛，於西北區域有目視活動記錄。

大型工程車輛穿梭不息，錦田以西耕地範圍砂塵滾滾，九廣鐵路西鐵架空鐵路工程如火如荼，基建嚴重改變生態環境，築路導致錦用以西大片沼澤消失。爛地變成硬地，草地變成禿地。為數大約一百三十隻野水牛，越走越近，摩肩接踵，走投無路，只得勉強聚集樹屋以北，面積七公頃，一塊僅存沼澤濕地，必須分批擠進泥潭，必須分組躲進樹蔭，孤牛則徘徊在北園村、樹屋、水尾之間，晝伏夜出，踩在村徑，來來去去。這裡的野水牛棲地，並非位於受到保護的郊野公園範圍。這裡的野水牛，並不受到保護。

四、大嶼山離島

野水牛在東區有目視活動記錄。

貝澳泳灘，來了一批又一批度假遊客，一波又一波喧鬧嬉笑，令棲息泳灘和羅屋村、鹹田之間的野水牛，惴惴不安。為數六十隻左右的野水牛，在大嶼山也只能依賴這塊面積僅僅九公頃、逢漲潮即倒灌海水的殘存沼澤，兜來兜去。孤牛則取道望東灣、大浪灣，進出芝麻灣懲教所泥地；又或是走上芝麻灣道，取芝麻灣，直接進出芝麻灣懲教所泥地。這裡的野水牛棲地，遠離受到保護的郊野公園範圍。這裡的野水牛，並不受到保護。

野水牛，於西區無活動記錄。山丘綿亙，野黃牛普遍分布，並無野水牛踪跡。

○○○

野水牛，雲集曠地，渾身的泥漿早已乾裂。新界，據說只在這塊地才有僅存的泥潭，泥潭和泥潭之間的泥溝，淤泥成堆，堆積如山，形同土丘，稠濃糊黏的泥漿漸次乾涸，泥潭看來是維持不了多久了。

池鷺，就在不遠的魚塘專心捕魚。噪鶥，煩厭地於老遠的樹叢，咿哇鬼叫，抱怨不休。誰都知道，數以百計的野水牛惟有站在硬地曝晒，那並不是一件好事。

野水牛，凝聚樹蔭，渾身裹着龜裂的泥塊。新界，據説只在這塊地才有極其稀有的泥河，泥河的泥水來自不知名的溪流，溪流的濁水接自不知名的村屋。

濁水攪拌泥水，污水卻讓爭先恐後擠進泥河的野水牛喜出望外，忍不住要互相噴吐憋着的一肚子悶氣，彼此都恨自己生不逢時。

野水牛，圍繞菜圃，渾身泥濘，轉眼又蒸發成為灰頭土臉。新界，據説只在這塊地才會種植有機蔬菜。

操着不知名鄉音，那個蒙臉戴頭笠的婦人，每天一早就從泥河舀水澆菜，野水牛全都記在腦裡。要不是這片小菜圃，稀有的泥河大概也都變成乾涸的旱溝。看看旁邊人為堆棄的垃圾山，再望望圍在鐵絲網裡只顧埋首除草的辛苦婦人汗津津，野水牛全都心懷感激。

○　○　○

夜是寂寞的。

沒有工程進行乒乓作響。

沒有車水馬龍烏煙瘴氣。

池鷺，不再垂釣。

噪鵑，不再呱噪。

野水牛，決定出巡，三三兩兩，邁出曠地，繞過魚塘，走在村徑，檢閱比肩立而立、一排又一排的村屋，來到村口。

村口，豎立鬥大的招牌，上面清楚地寫著告示：

「注意 晚上十時後 非本村居民 不得在村遊蕩 否則後果自負 水尾村示」

野水牛，先是面面相覷，然後嗤之以鼻，不約而同，就在村徑排起糞來，宣誓主權，割地自據。三隻野狗，全都看在眼裡，卻又低頭不語。野狗知道每當夜色降臨，昏暗漆黑，這裡來來去去走着的都是野水牛。

彼此都恨自己生不逢時

野水牛
FERAL (DOMESTICED) WATER BUFFALO
Bubalus bulalis Linnaeus

只能沒命地朝南逃

黃腹鼬

YELLOW-BELLIED WEASEL

Mustela kathiah Hodgson

體重：200－300公克

體長：22－37公分

尾長：12－27公分

懷孕期：2個月

壽命：不詳

○ ○ ○

稱得上是一片樂土。

地方不大，五平方公里的原野，也能讓黃腹鼬足足跑上好幾個星期了。

山嶺綿亙，高低起伏，樹木參天，枝藤密佈，花朵簇簇，果實纍纍，山鼠四處，昆蟲遍野。

這簡直就是黃腹鼬踏破鐵鞋無覓處，卻偏偏又是千里難尋的香格里拉。

○　○　○

那年，逃亡的路上，看見邊界有幾個老粗，蹲在工寮，喝茶打屁，歷歷在目：「辛苦是辛吉，畢竟也熬過來了。比起從前，現在的深圳簡直就是人間天堂。」

誰說不是。自從鄧小平南下，講話算數，之後的深圳就死命地開發。不眠不休。輪番上陣。

打着學習雷峰精神的旗號，先是聞雞起舞，接着挑燈夜戰，後來還土法鍊鋼，把當年不得不幹的大躍進，一股腦地，一成不變地，全都搬進了深圳。人，爭先恐後，也都擠進了深圳。

鑿山的鑿山。
伐木的伐木。
蓋樓的蓋樓。
築路的築路。

管它什麼的環境評估。
理它什麼的環保配套。
去他媽的生態工法。
幹他娘的生態廊道。

拼命蓋樓，而且是只蓋大樓。
基建工程，還得要有大工程。

地方三翻、四翻，五年又一翻。

樹林，砍光光。
鳥禽，飛光光。
走獸，死光光。

能住人的，哪怕是平地起的高樓。
能住人的，哪怕是坡地劃的社區。
能住人的，哪怕是山腳搭的鐵皮屋。
能住人的，哪怕是溪邊釘的木板房。
高樓大廈，違章濳建，統統住滿人。

人，摩肩接踵。
人，見縫插針。
人，翻臉無情。
人，無情地抓啥吃啥。

骯髒汙穢。烏煙瘴氣。

黃腹鼬，只能沒命地，沒頭沒腦地朝南逃。

聽說，只要越過那條已經窄得像陰溝的深圳河。

聽說，只要鑽過那張為了防堵難民潮的鐵絲網。

聽說，只要跑到那塊長滿樹木蔓藤的綠野山林。

聽說，那就是但凡飛禽走獸做夢都會笑的終極目的地。

「香港新界的烏蛟騰，還真是一塊好地方，果然是樂土。」

黃腹鼬，攀上樹梢，眺望眼前大片樂土，憶及往事，有感而發。

○○○

黃腹鼬，動作敏捷，健步如飛，棲息山地樹林。軀幹細長，尖嘴猴腮，大眼小耳，腿短尾長，被毛密短亮麗，體背毛色啡褐，腹部毛色鵝黃，下唇及下頦毛色奶白，顏色鮮艷，層次分明。

黃腹鼬，俗稱香菇狼，松狼。英文叫做 Yellow-bellied Weasel。

黃腹鼬，活動亞洲，典型晝行哺乳類野生動物，分類成食肉目／裂腳亞目／熊形超科／鼬科／鼬亞科／鼬屬物種。目前已知並無亞種。發現地區包括尼泊爾，印度，緬甸，中國長江流域以南、湖北、湖南、四川、雲南、廣西、廣東、福建、海南島、香港。

黃腹鼬，族群稀薄，數量不多。瀕危野生動植物種國際貿易公約 CITES，已將其列為附錄等級III保護物種。

○ ○ ○

根本找不到關於黃腹鼬地理分布圖、族群數量、以及行為模式學術報告。

黃腹鼬，鑽進竄出，攀上爬下，身手矯捷，觀察談何容易。

黃腹鼬，正如歐洲流傳的古諺所述：

「沒有一扇門能夠緊密得足以阻擋姦夫淫婦和鼬鼠的進進出出。他們無縫不鑽，無孔不入，神出鬼沒，來去自如，實在防不勝防。」

○○○

黃腹鼬，能夠收集的研究調查文獻有限，有關連的黃腹鼬資料，現在載錄於後，提供參考：

黃腹鼬，蹤跡可以在海拔三千八百公尺至四千五百公尺高山發現。（中國經濟動物，1964）

黃腹鼬，穴居，清晨或夜間活動。（中國經濟動物，1964）

黃腹鼬，主食鼠類，亦襲家禽。（中國經濟動物，1964）

黃腹鼬，棲息山地森林，草叢，丘陵，以及農田附近，性情兇猛，行動快捷，游泳，卻少見爬樹。（中國脊椎動物，2000）

黃腹鼬，經常占用其餘動物洞穴為巢，亦見依石堆、墓穴、樹洞為窩。（中國脊椎動物，2000）

黃腹鼬，主食鼠類，亦吃魚、蛙、昆蟲。（中國脊椎動物，2000）

黃腹鼬，活動森林邊緣的灌叢地帶，棲息海拔二千五百公尺以下山地溪流、林緣、灌叢、草叢、丘陵山地樹林。（中國獸類踪跡，2001）

黃腹鼬，穴居，黃昏活動，單獨或成對覓食、玩耍，性兇猛。（中國獸類踪跡，2001）

黃腹鼬，分布長江以南部分山區，數量稀少。（中國野生哺乳動物，1999）

黃腹鼬，肛門兩側生有黃豆大小臭腺，遇到危急瞬間排釋濃烈惡臭，收驅敵之效。（四川獸類，1999）

黃腹鼬，春季發情，懷孕期兩個月，每胎三至八隻。（四川獸類，1999）

黃腹鼬，穴居岩洞、或老樹根下，晨昏或夜間活躍，成對出沒，行為滑稽。（廣東野生動物，1970）

黃腹鼬，見鼠就追，直至將其咬死為止。（廣東野生動物，1970）

○○○

鼬，中國古代稱為鼬鼠，又名鼠狼。黃腹鼬，古書並未單獨命名或作分類叙述。鼬，歷史記載，僅作籠統概論。

古人文獻，提及牛的文獻記載，現在摘錄如下，提供參考：

《本草綱目》，李時珍曰，按廣雅，鼠狼即鼬也，江東呼為鼪，其色黃赤如柚故名。此物健於捕鼠及禽畜，又能制蛇虺，莊子所謂騏驥捕鼠不如貍鼪者即此。

李時珍曰，鼬鼠處處有之，狀似鼠而身長尾大，黃色帶赤，其氣極臊臭，許慎所謂似貂而大，色黃而赤者是也，其毫與尾可作筆，嚴冬用之不折，世所謂鼠鬚栗尾者是也。

《本草綱目》，鼬鼠肉，甘，臭，溫，有小毒，煎油，塗瘡疥，殺蟲。

《東醫寶鑒》，鼬鼠肉作末，療瘡瘘久不合，付之即效。

○○○

野生動物保護基金會，於二〇〇〇年九月開始調查香港哺乳類野生動物。由安裝在山頭森林二百部紅外線熱感應自動相機，追踪拍攝哺乳類野生動物的分布和行為模式。

二〇〇一年二月十八日，我們意外地於新界東北地區記錄到第一張黃腹鼬活動照片。之後，黃腹鼬於不同地方被陸續發現。黃腹鼬，在香港未曾有過發現記錄。黃腹鼬，一九六七年，香港大學動物系教授派翠西亞・馬歇爾博士出版的「香港野生哺乳動物」一書，隻字未提。黃腹鼬，一九八二年，香港大學動物系教授鄧尼斯・希爾博士 Dr. Dennis S. Hill 執筆的「香港動物」一書，亦不曾提及。野生動物保護基金會，因之宣布黃腹鼬被列入香港本土新物種。

二〇〇〇年九月至二〇〇三年四月止，安裝在新界九龍半島山區的紅外線熱感應自動相機，記錄黃腹鼬資料十四筆。香港本島和大嶼山離島並無發現記錄。

關於野生動物保護基金會記錄黃腹鼬資料，現在節錄於後，提供參考：

一、香港本島

黃腹鼬，至今於香港本島沒有任何發現記錄。

二、新界九龍半島

黃腹鼬，至今僅於東北區域有發現記錄。

黃腹鼬，於白晝開始活動最早時間二筆。07:12, 07:54。

黃腹鼬，於下午結束活動最遲時間一筆。16:50。

黃腹鼬，於白晝活動高峰時刻二段。07:00 – 12:00 九筆，13:00 – 14:00 二筆。

黃腹鼬，攀樹記錄一筆。

黃腹鼬，置身風雨出巡覓食記錄一筆。

三、大嶼山離島

黃腹鼬，至今於大嶼山離島沒有任何發現記錄。

○○○

八十年代，香港新界東北方向，沙頭角以北，深圳地區大刀濶斧，開始發展建設，引致深圳地區的野生動物棲地支離破碎。故推論黃腹鼬應該是最近二十年，忍無可忍，方才穿越逐漸興旺的邊境城鎮，渡過淤泥堆積的深圳河，踏上濃蔭密布的烏蛟騰，再次重整旗鼓。

黃腹鼬，開始謹慎遊走香港新界東北地區。

黃腹鼬，四散船灣郊野公園和八仙嶺郊野公園。

黃腹鼬，卻因為快速道路路面切割，並沒有來得及朝南延伸勢力，擴散族群。

黃腹鼬，卻有超強的繁殖能力。

黃腹鼬，假以時日極有可能越境南下，占據次生林成熟的城門郊野公園，金山郊野公園，跳過獅子山和大老山，再闖進馬鞍山郊野公園，吃香喝辣。

不錯，這才應該是遷徙南移的極終目的地。

拂面而至，徐徐吹來的清香南風，不斷示意黃腹鶲必需繼續南下。畢竟，烏蛟騰這塊地方，現在也成為一些不識時務的政客，大放厥辭，說是必須開發轉型，要讓它成為生態旅遊東北重點的票源話題。

〇〇〇

蔓藤，如惡魔的掌，似毒蛇的信，囂張攀竄，枝葉濃密。圍剿的殘樑斷壁，隱約可見。烏蛟騰的山區，一間一間空置棄屋，形同獵物，任其蹂躪。

空氣凝聚撲鼻的黴濕，揮之不去。

泥地散落幾顆晶瑩的紅桑和耀亮的黃梅。

一片曾經帶來多少歡樂的後山大果園，千瘡百孔，歷盡滄桑。

曾經，那幢幢農舍，裊裊炊煙，歡樂嬉戲，麻將劈啪，談笑風生，搖扇納涼，敦親睦鄰，守望相助，一切只能追憶。供人憑弔的，僅賸下頹壁斜掛的那幀唐裝婦人黑白相片，地面那東倒西歪的缺腳家具，天花板上搖搖欲墜的吊扇，廚房獨缺一角的大灶，銹蝕的菜刀，封塵的神主牌位，隱約遺留字跡的褪色對聯。

黃腹鼬，登高走低，心存好奇，穿梭於牆角蔓藤，遊走在似曾是果園的幽林，如入無人之境，一心只顧感激造物者的恩寵和賞賜。

果園，廢耕了。

農舍，遺棄了。

隨着經濟轉型，貿易自由，重商輕農，物質追求的趨勢。

人，不再留連。

人，遠走他鄉。

○

○

○

那邊，牛群若無其事，走在陡斜的坡地，挑三嫌四，品嚐草葉。

這邊，赤麂恍如獨行俠，駐足藤蔓其間，噘鼻豎耳，吸納聆聽，志在求証環境安全與否。

野豬，聳鼻拱泥，搖起尾巴。

食蟹獴，低頭覓食，聚精會神。

果子狸，沒好氣的掛臥枝頭，瞇眼假寐。

清澈的山澗，流水潺潺。卻誰也沒有料到，就在枯枝落葉堆裡，歇着一條正在靜候獵物經過的緬甸蟒蛇，紋風不動。

黃腹鼬，全都看在眼裡。

黃腹鼬，並沒有因為自己觀察入微的超高能力，自鳴得意。

黃腹鼬，只顧自個兒向前遠眺，嗅着拂面而至，徐徐吹來的清香南風，引頸以待。

黃腹鼬，滿腦子想的都是何時再度朝南逃。

黃腹鼬，一心一意編織着美好將來的夢想。

○○○

烏蛟騰的廢村一角，不久之前不知怎麼就倒下的那隻死狗，已經尸骨全無。

地面，殘留着狗毛，混雜那具僅賸的兩塊頦骨。

雪亮的狗牙，仍然依附頦骨，整齊排列。

狗牙，像是正在傾訴那吐也吐不完的冤氣和怨憤。

黃腹鼬（*Mustela kathiah*）於新界九龍半島日常活動模式

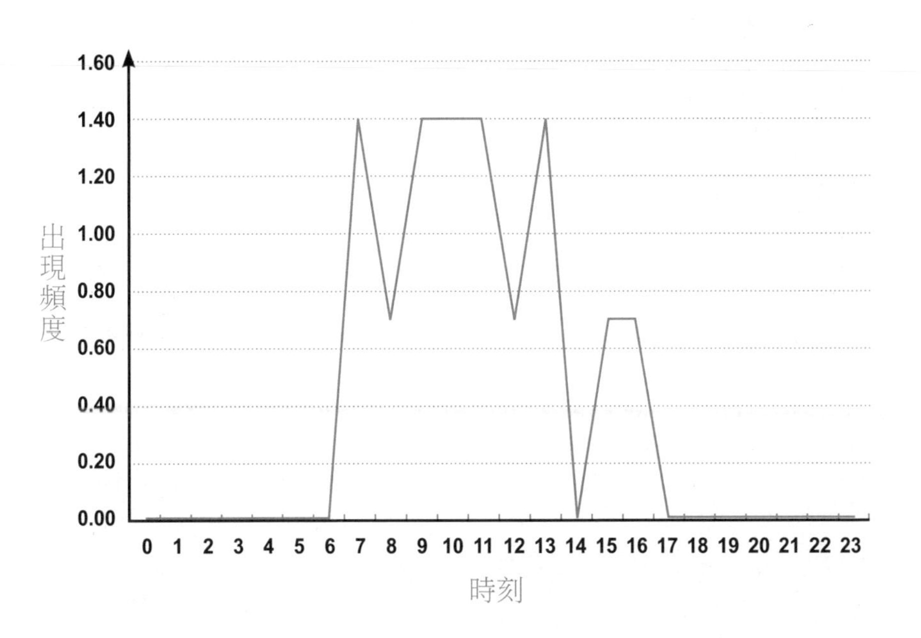

出現頻度 Occurrence Index (OI)

指每一千個相機工作小時內所拍得的動物個體數

$$OI = \frac{\text{所拍得的動物個體數} \times 1000}{\text{該動物出現地區的相機有效工作時數}}$$

新界九龍　時間：10:36　紅外線熱感應自動相機拍攝

新界九龍　時間：16:50　紅外線熱感應自動相機拍攝

新界九龍　時間：09:21　紅外線熱感應自動相機拍攝

新界九龍　時間：07:54　紅外線熱感應自動相機拍攝

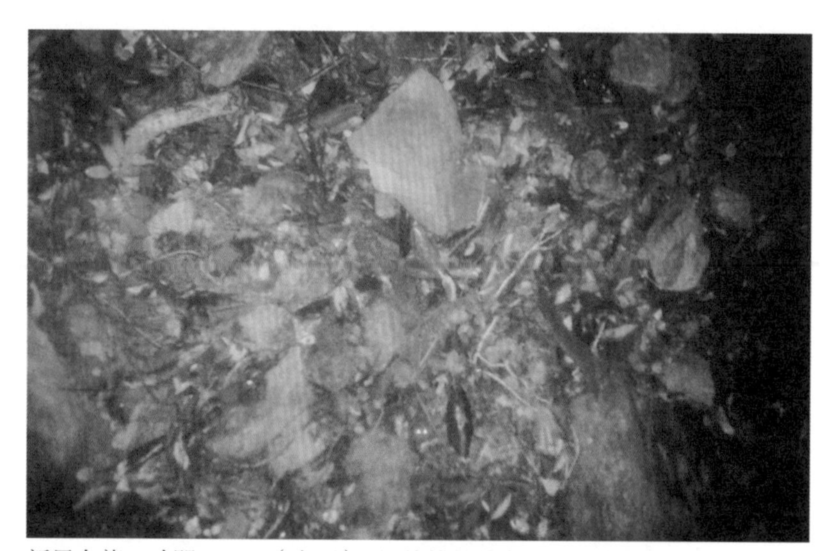

新界九龍　時間：15:50(大雨)　紅外線熱感應自動相機拍攝

新界九龍　時間：07:12(大雨)　紅外線熱感應自動相機拍攝

新界九龍　時間：11:52　紅外線熱感應自動相機拍攝

新界九龍　時間：13:07　紅外線熱感應自動相機拍攝

新界九龍　時間：13:33　紅外線熱感應自動相機拍攝

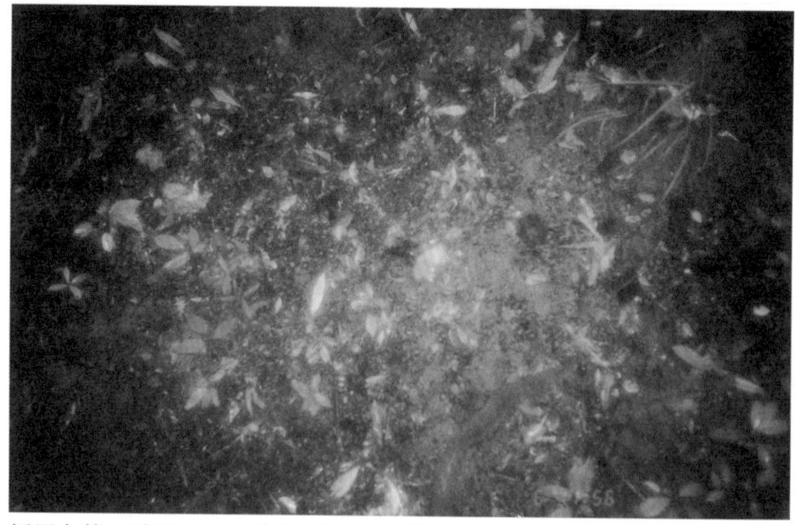

新界九龍　時間：11:56(大雨)　紅外線熱感應自動相機拍攝

新界九龍　時間：08:34　紅外線熱感應自動相機拍攝

新界九龍　時間：10:36　紅外線熱感應自動相機拍攝

新界九龍　時間：10:36　紅外線熱感應自動相機拍攝

新界九龍　時間：10:36　紅外線熱感應自動相機拍攝

新界九龍　時間：10:37　紅外線熱感應自動相機拍攝

新界九龍　時間：10:36　紅外線熱感應自動相機拍攝

黃腹鼬

YELLOW-BELLIED WEASEL

Mustela kathiah **Hodgson**

那可真的是驚鴻一瞥

黃喉貂

YELLOW-THROATED MARTEN

Martes flavigula Boddaert

體重：2－2.5公斤

體長：45－56公分

尾長：30－40公分

懷孕期：9－10個月

壽命：14年（圈養）

○

○

○

山谷的樹叢，吱吱喳喳，響個不停。

提高嗓門，引頸啾啼的鳥和引頸啾啼的鳥，你來我往，在爭鳴。

故意低壓聲調，平鋪直敘的鳥和平鋪直敘的鳥，心平氣和，在侃侃言談。

一鼓作氣，非得要唱完整首歌才肯罷休的鳥和非得要唱完整首歌的鳥，互吐心曲，在訴説心中情。

不平則鳴，偶爾叫上兩聲的鳥就和偶爾叫上兩聲的鳥，隔空放話，在宣示主權。

但凡晨昏，陽光普照，微風拂面，枝葉擺曳，蜂飛蝶舞，黃喉貂就有機會聽見，而且是看見這樣的光景。

黃喉貂，趴臥枝頭，瞇眼打盹，禁不住沉醉鳥語花香。

○　○　○

「劈啪！」「劈啪！」

地面，枯枝被踩得喧天價響。

樹叢，引起一輪騷動。

騷動，導致一連串迴響。

鳥，驚惶失措，停止交流，猛地語氣急促，爭相警告，忽地疾速飛去，一哄而散。留下依然不斷的劈劈啪啪，夾着嘈雜刺耳的連串迴響。

黃喉貂，不得不站起來，豎立枝頭，嘟鼻噘嘴，吸嗅吐納，朝着劈啪聲浪，探頭凝視。那可是大型哺乳類動物在入侵。

「怎麼又是這個笨人。」

黃喉貂，搖搖頭，莫名其妙，覺得不可思議。

笨人，不修邊幅，披頭散髮，汗流浹背，氣喘吁吁，身揹背包，正朝這棵大樹，胡亂拽着枝藤，吃力攀爬，步履蹣跚，狀甚蠢拙。

「可真是一棵好樹。」

笨人停頓下來，擡頭仰望，喃喃自語，恍如驚艷，在讚嘆。

山谷，蒼翠碧綠，枝葉茂盛。樹卻不是原生，樹是後來才種植。幾十年的樹齡，畢竟年輕，想要找一棵像這樣濃蔭密布的大樹，還真的委實不易。

笨人舉頭環顧，若有所思。

○○○

樹，是拿來安置照相機的。

照相機，是拿來拍攝可能出現樹腳那些無意間經過的哺乳類野生動物的。

照相機，就是這樣，已經被笨人掛在這棵大樹的樹幹上，開始搭配紅外線偵測器，欲隨動物體溫變化感應工作拍照，夜以繼日。照相機，就是這個笨人掛在樹幹上。黃喉貂想起來了，就是因為這個原因，自己曾經見過這個笨人。

笨人卻毫不察覺枝頭的黃喉貂。照相機從來就沒有拍攝過黃喉貂。笨人只顧面朝樹幹，專心拆裝底片，專心工作，專心思量，一心一意，想要專心保育香港哺乳類野生動物。

「唰！」「唰！」「唰！」……

黃喉貂決心朝笨人移動，走在枝頭，逐步逼近。牠決定要仔細端凝這個目的不詳，再三出現的入侵者。

「唰！」「唰！」「唰！」……

笨人惟有停下工作，朝向枝頭，東張西望。

「黃喉貂！」

四目交集。那可是驚鴻一瞥。

黃喉貂，一溜煙，順着交錯的枝葉，彷彿飛簷走壁，消失密林間。

笨人，看得目不轉睛，呆若木雞。

照相機，卻只顧低頭凝視樹腳，呆頭呆腦，不知道究竟發生什麼事。

〇〇〇

黃喉貂，被毛細長蓬鬆，喉嘴胸腹淡黃，前身黃褐，後身轉變暗褐，毛色油亮艷麗。黃喉貂，三角臉，圓眼大耳，口鼻明顯，四肢短小，身形粗長，拖有大尾，體型堪稱貂屬之最，爪尖齒利，行動矯捷，生性兇猛無比。

黃喉貂，俗稱青鼬，蜜狗，黃猺，虎狸，黃猺狸，黃腰狸，黃頸鼬，羌仔虎，兩頭鳥。英文叫做 Yellow-throated Marten。

黃喉貂生活亞洲，分類為食肉目/裂腳亞目/熊形超科/鼬科/鼬亞科/貂屬物種。目前已知有四個亞種。發現地區包括克什米爾，印度，尼泊爾，泰國，緬甸，馬來西亞，印尼，婆羅洲，韓國，西伯利亞東部，中國東北、中部、西部、西南部、東南沿海、海南島、香港（？），臺灣。

黃喉貂，分布寬廣，卻族群稀薄，已被瀕危動植物種國際貿易公約CITES列入附錄III保護名錄，同時也被中國大陸列為二級重點保護動物。

○○○

黃猺皮，黃喉貂皮毛商品名稱，皮質不佳，價格一向不高。野生黃喉貂，雖然分布寬廣，卻族群稀薄，令人費解。即使生態學者決心調查，欲知究竟，也會因為黃喉貂行動隱秘，踪跡不明，往往捉摸不定。野生黃喉貂行為觀察和研究，幾乎無從入手。

黃喉貂，能夠收集的研究調查文獻有限，有關連的黃喉貂資料，現在載錄於後，提供參考：

黃喉貂，屬林棲哺乳動物，寒帶可見於紅松林，熱帶則多見在雨林和溝谷林，

喜居樹洞。(中國經濟動物，1964)

黃喉貂，晨昏活動，早晨活動率高，中午有時可見，單獨或成對出動，善爬樹，在樹梢來去自如。(中國經濟動物，1964)

黃喉貂，主食小型獸類，如松鼠，花鼠，一般鼠類。(中國經濟動物，1964)

黃喉貂，於寒帶地區，捕食紫貂，獾，狸，山羊，麝，亦食鳥類，鳥蛋，昆蟲，野果，尤喜吃食蜂蜜。(蘆卡什金，1939)

黃喉貂，分布丘陵，低山河谷，盆地周圍，山地林區，棲息不同林型，甚至出沒河谷灌叢。(四川獸類，1999)

黃喉貂，喜居洞穴和石穴，行動隱秘，視覺敏銳，晨昏活動，白天亦發現於林間遊動。(四川獸類，1999)

黃喉貂，遇異聲則於枝頭細聽動靜，常靜伏枝頭，如見地面獵物經過，立即跳下追捕。(四川獸類，1999)

黃喉貂，性兇猛，敏捷，可獨自獵殺小獸和鳥類，亦集體圍捕麂鹿，野豬，熊貓等幼獸吃食。(四川獸類，1999)

黃喉貂，棲息海拔三千公尺以下闊葉林，針闊葉混交林，溝谷地帶。(中國獸類踪跡，2001)

黃喉貂，常棲息大面積山林，以山地針濶葉混交林發現較多。（中國東北珍稀瀕危動物，1999）

黃喉貂，多單獨活動，偶有成群追殺大群獸，主食中小型獸類，兔，鳥，鼠等絕不放過，秋季亦吃食松籽，橡籽，漿果等植物性食物。（中國東北珍稀瀕危動物，1999）

黃喉貂，數量極奇稀少。（中國東北珍稀瀕危動物，1999）

黃喉貂，適應力強，對棲地要求並不嚴格，喜棲針濶葉混交林，亦在溝谷林地發現，又或生活在灌叢草生地，多住樹洞，土穴，石縫。（中國西北珍稀瀕危動物，1994）

黃喉貂，行動迅速，性情凶殘，遇見獵物，會大距離跳躍奔跑，追趕獵食。（中國西北珍稀瀕危動物，1994）

黃喉貂，活動山坡，河灘，灌叢，倒木，溪旁，林緣，爬樹能力高強，在樹上能輕易捕捉活動樹間的任何動物。（中國西北珍稀瀕危動物，1994）

黃喉貂，以動物為主食，食性廣泛，亦吃昆蟲，魚，蛙，鳥，雉雞，麝，鹿，麂，羊，豬，果子狸等。（中國西北珍稀瀕危動物，1994）

黃喉貂，善爬樹，性凶狠，合作獵食，常殺害麂，鹿，雉雞，尤嗜吮血，吃蜂

蜜，亦食鮮果。（廣東野生動物，1970）

黃喉貂，日夜活動山區森林。（臺灣哺乳動物，1998）

黃喉貂，每年六至七月發情，次年五月生產，每胎二至四仔。（中國野生哺乳動物，1999）

黃喉貂，春季繁殖，每胎二仔。（蘆卜什金，1939）

黃喉貂，夏季發情，次年春季產仔，每產二仔，偶有三仔，幼獸常隨母獸移動覓食。（胡錦矗，1982）

○○○

中國古代文獻，極少提及黃喉貂。黃喉貂和黃鼬多被輕描淡寫，混為一談，籠統稱為鼬鼠肉。

古人文獻，相關類似黃喉貂的文獻記載，現在摘錄如下，提供參考：

《本草綱目》，鼬鼠肉，別名黃鼠狼肉，黃鼬肉，黃猺肉，鼪鼠肉。
《本草綱目》，甘，臭，溫，有小毒。煎油，塗瘡疥，殺蟲。
《東醫寶鑒》，肉作末，醫瘡瘻久不合，付之即效。

黃喉貂，於中國古代看來一無是處，不見經傳。古人似乎不聞不問黃喉貂。

○○○

香港，可能從來沒有人看見過黃喉貂。黃喉貂可能僅「存活」在幻想與幻影裡。

一九六七年，香港大學動物系教授派翠西亞．馬歇爾博士出版的「香港野生哺乳動物」一書，隻字未提黃喉貂。

一九八二年，香港大學動物系教授鄧尼斯．希爾博士 Dr. Dennis S. Hill 執筆的「香港動物」一書，亦不曾提及黃喉貂。

幾十年以來，儘管黃喉貂在香港隻字不提，倒是嘉道理農場的「動物指引」言之鑿鑿，認為香港確實存在黃喉貂。黃喉貂，於香港眾說紛紜，無從考證。

整整兩年野外調查，為什麼紅外線熱感應自動相機未曾拍攝記錄黃喉貂？

因為黃喉貂於香港根本不存在？

因為黃喉貂魚香港族群數量微不足道？

因為黃喉貂於香港受地理環境和人為干擾影響而多在枝頭活動？

因為黃喉貂於香港機智過人，警覺性高，能夠輕意閃避掛在樹幹的監控照相機？

因為野外所見的踪影根本不是黃喉貂，而是體型和毛色酷似的其它野放寵物？

因為嘉道理農場的參考資料描述的也不是黃喉貂，而是體型和毛色酷似的其它野放寵物？

黃喉貂，遍及中國大陸，族群稀薄。

黃喉貂，出沒廣東省，絕對有機會跨越深圳河，活動香港。

黃喉貂，生存意志強烈，絕對有能力在逐漸成熟的香港次生林強行擴散。

黃喉貂，兩百部紅外線熱感應自動相機，整整兩年時間完全沒有接觸，並不是表示香港絕對沒有黃喉貂。

黃喉貂，在野外即使目視類似黃喉貂目標個體，也並不能代表香港一定就有黃喉貂。

究竟香港有沒有黃喉貂？

究竟香港黃喉貂族群量有多少？

究竟黃喉貂於香港茂密次生林扮演什麼角色？

究竟黃喉貂在香港會不會就是其它哺乳類野生動物和野生林鳥致命天敵？

黃喉貂，惟有繼續追踪，努力不懈，才能夠找到真相了。

○
○
○

收音機，開始不停報告新聞。收音機，還不時插播天氣預測和交通現況，像嘮嘮叨叨的老太婆，要你注意這個，要你留意那個，要你不可以這樣，要你不應該那樣。

新的一天，就是這樣，重複又重複，一遍又一遍，猶如唸經，周而復始。

新的一天，絲毫沒有創意。

新的一天，簡直缺乏新意。

日出而作，日落而息。

清晨，笨人毫無表情，兩眼矇矓，呵欠連天，只顧發動車子，駛往公路，朝向和車水馬龍相反的方向，呼嘯而去。笨人覺得奇怪，眼睜睜，盯着公路對面那堆急着進城上班，卻坐在擠也擠不動的車陣裡面，那些不同人種，大惑不解。笨人就是這樣，天天朝着和人群相反的方向，駛來駛去，跑來跑去，走來走去，攀來攀去，想來想去，做來做去，愣來愣去，摸來摸去。日復一日。周復一周。月復一月。季復一季。年復一年。

笨人，馬不停蹄，成為停不了的動感。

笨人真的不懂，那些走着相反方向的人，究竟都在動些什麼腦筋？

爭名鬥利，這麼具吸引力？

權力慾念，這麼難以抗拒？

榮華富貴，這麼值得賣命追求？

非得要在人堆裡面找到自己？

非得要踩在一堆人的肩膀和頭頂來肯定自己？

非得要在拚得你死我活的人文社會，老謀深算，刻意嬉笑怒罵，才能突顯自己？

笨人搖搖頭，不敢苟同，只顧繼續飛馳在和人群方向相反的公路，若有所思。

○○○

山坡的灌林，正在嘰哩呱啦，吵個不休。

扯着嗓門，大吹大擂的鳥和大吹大擂的鳥，喋喋不休，在喧鬧。

刻意降低語調，輕聲細語的鳥和輕聲細語的鳥，你儂我儂，在問寒噓暖。

精神亢奮，像一口氣要唱完整段歌劇的鳥和像一口氣要唱完整段歌劇的鳥，有問必答，在彼此呼應。

冷不防地，倏然聒噪兩聲劃破長空的鳥就和倏然聒噪兩聲劃破長空的鳥，恍如久未見面的老友，在互相請安。

只有朵朵白雲，徐徐清風，陣陣花香，青草青青的晨昏，黃喉貂才有機會聽見，而且是看見這樣的光景。

黃喉貂，趴臥枝頭，瞇眼打盹，禁不住沉醉鳥語花香。

○○○

「咯噔！」「咯噔！」……

碎石路面，被車壓得沙土飛揚。

灌林，引起一輪騷動。

騷動，導致一連串的迴響。

鳥鶩惶失措，面面相覷，立時聲調急促，通風報信，立馬振翅疾飛，一哄而散。留下依然不斷的咯噔咯噔，夾着嘈雜刺耳的連串迴響。

黃喉貂不得不站起來，探頭探腦，嘟鼻噘嘴，吸嗅吐納，朝向沙土飛揚，定神凝視。那可是大型哺乳類動物在入侵。

笨人，使勁踩着油門。車，就在山坡的爛路緩緩前進，風塵僕僕。

「啊！又是這個笨人！」「啊！黃喉貂！」

四目相投。不約而同地驚呼。

這可是驚鴻一瞥。

黃喉貂卻已經一溜煙，越過車前，消失草叢的另一端。

笨人看得目不轉睛，呆若木雞。

車，只顧壓着碎石，呆頭呆腦，繼續緩緩前進。

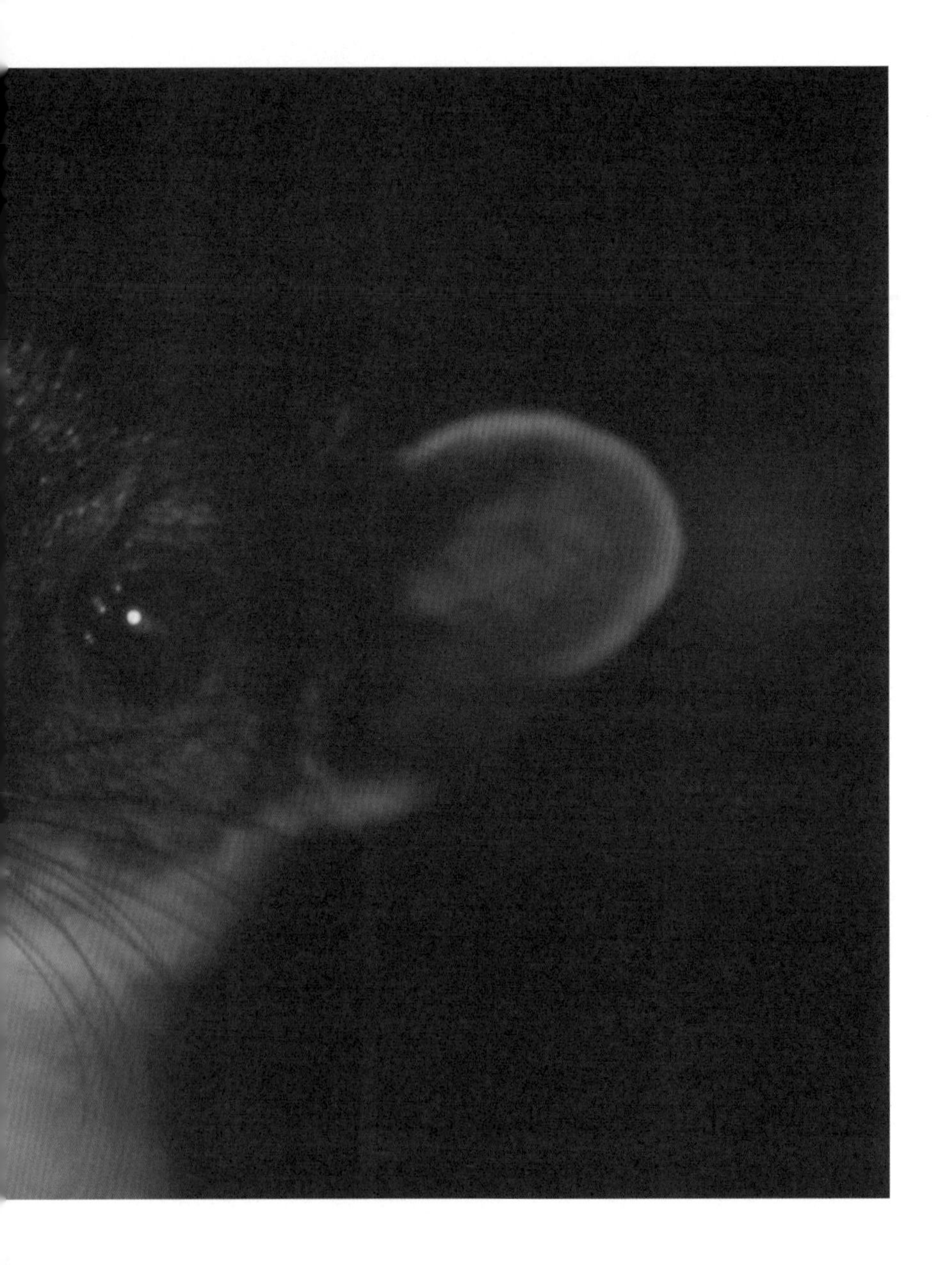

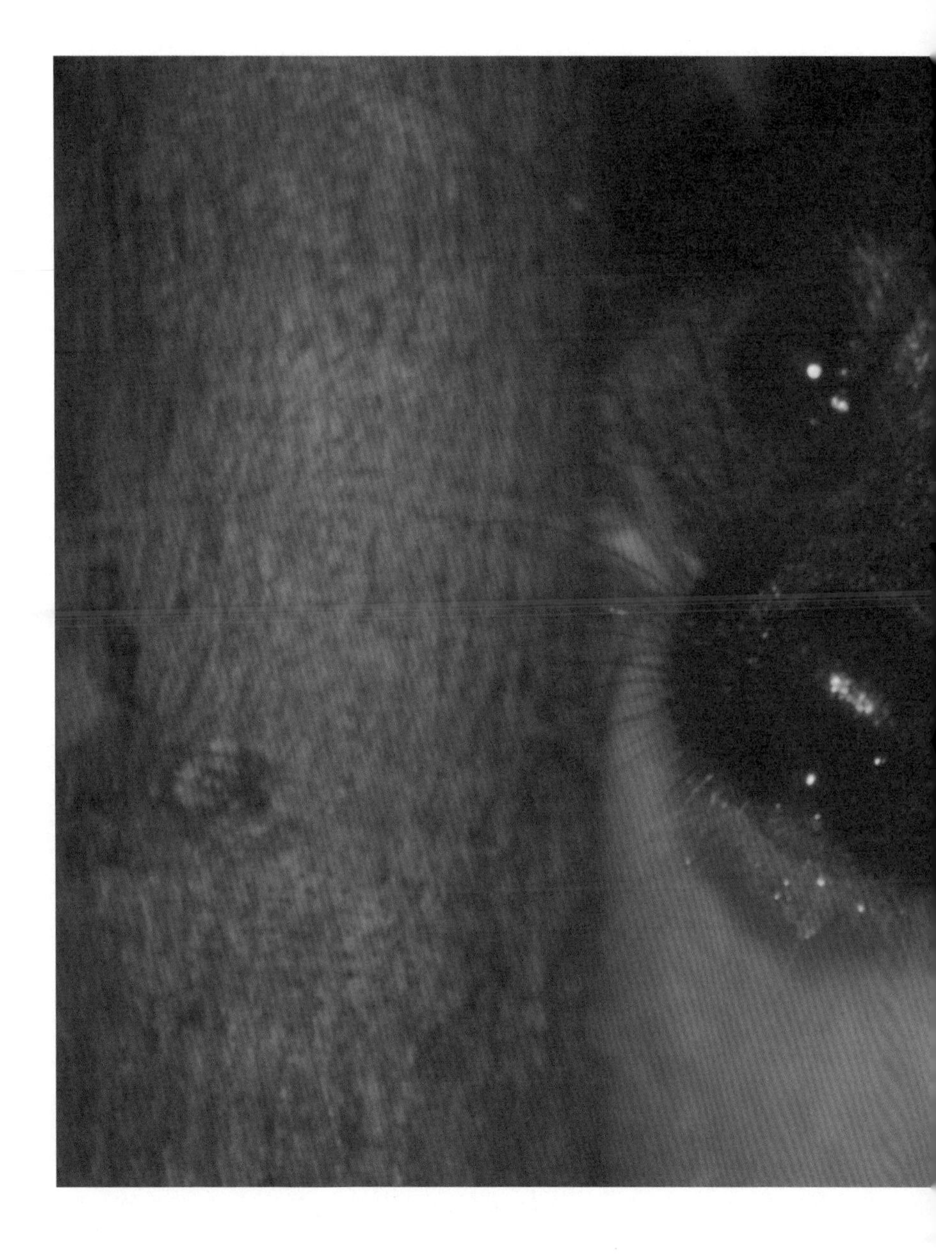

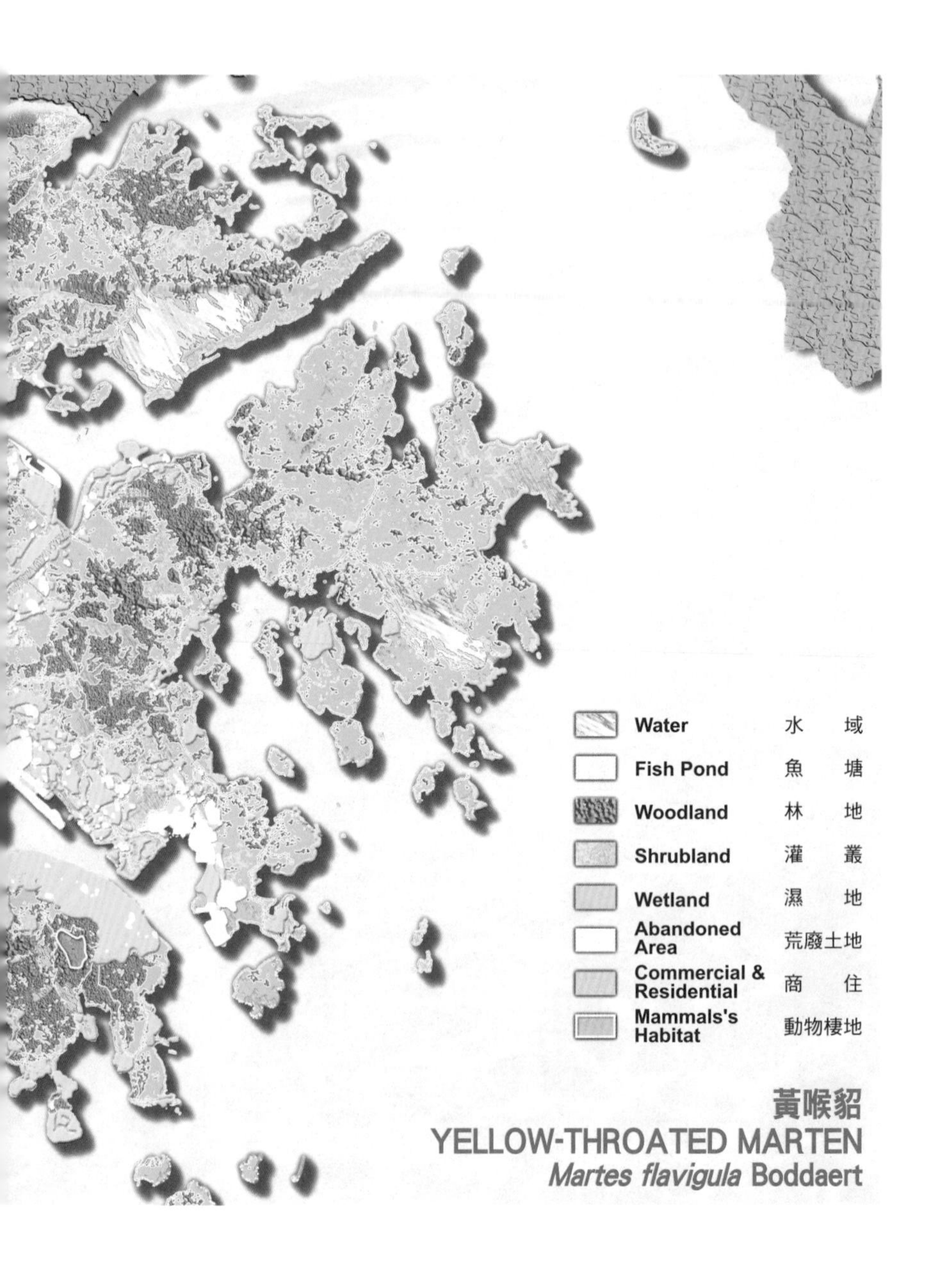

黃喉貂
YELLOW-THROATED MARTEN
Martes flavigula Boddaert

走樣的臉孔

PUBLISHING	：郭良蕙新事業有限公司 KUO LIANG HUI NEW ENTERPRISE CO., LTD. Room 01-03, 10/F., Honour Industrial Centre, 6 Sun Yip Street, Chai Wan, Hong Kong. Tel: 2889 3831 Fax: 2505 8615 E-mail : klhbook@klh.com.hk
HONOR PUBLISHER	：郭良蕙 L. H. KUO
MANAGING DIRECTOR	：孫啟元 K. Y. SUEN
DEPUTY GENERAL MANAGER	：黃少洪 SICO WONG
DIRECTOR	：吳佩莉 LILIAN NG
SENIOR DESIGNER	：陳安琪 ANGEL CHAN
PRODUCTION SUPERVISOR	：劉明士 M.T. LAU
PRINTER	：KLH New Enterprise Co., Ltd. Room 01-03, 10/F. Honour Industrial Centre, 6 Sun Yip Street, Chai Wan, Hong Kong Tel : 2889 3831 Fax : 2505 8615
香港及澳門總代理	：香港聯合書刊物流有限公司 香港新界大埔汀麗路36號中華商務印刷大廈3字樓 電話：(852) 2150 2100 傳真：(852) 2407 3062 Email : info@suplogistics.com.hk
台北總代理	：聯合發行股份有限公司 新北市231新店區寶橋路235巷6弄6號2樓 電話：(02) 2917 8022 傳真：(02) 2915 7212
新加坡總代理	：諾文文化事業私人有限公司 20 Old Toh Tuck Road, Singapore 597655 電話：65-6462 6141 傳真：65-6469 4043
馬來西亞總代理	：諾文文化事業有限公司 No. 8, Jalan 7/118B, Desa Tun Razak, 56000 Kuala Lumpur, Malaysia 電話：603-9179 6333 傳真：603-9179 6063

走樣的臉孔

ISBN 978-988-8449-10-1 （平裝）

定價 港幣HK$105 台幣NT$420

初版：2017年 4月（修訂版）